8ᵉ R
18490

LA
BIENFAITRICE

PAR

MAURICE DES CORATS

...Comme la frêle fourmi ils habitaient sous
terre, dans des cavernes profondes où ne pénétrait
pas le soleil... L'inventeur de tous les arts dont
jouissent les mortels, c'est Prométhée.
ESCHYLE-PROMÉTHÉE ENCHAINÉ.

...Eschyle et Shakspeare ont raison,
Ô terre, d'étoiler ton plafond de prison;
Gutenberg fait du jour, de l'amour, de la vie
Avec le plomb fondu du vieux supplice humain
Et, l'Univers ayant ce but : voir et savoir,
Pour l'astre et pour l'esprit rayonner est devoir.

V. Hugo

MENTON
IMPRIMERIE MODÈLE — V. COLOMBANI
1903

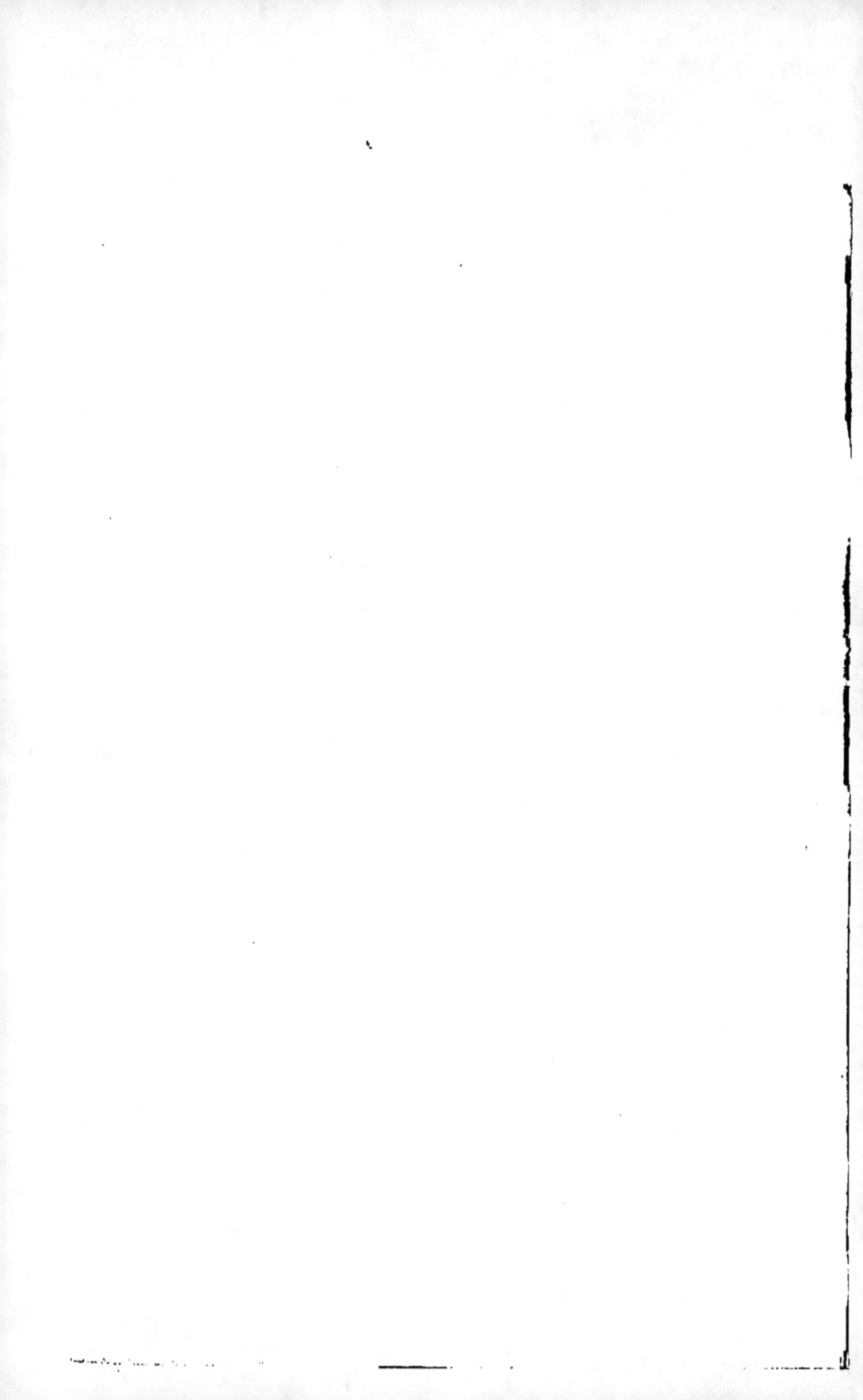

LA BIENFAITRICE

PAR

MAURICE DES CORATS

8·R
18490

LA
BIENFAITRICE

PAR

MAURICE DES CORATS

......Comme la frêle fourmi ils habitaient sous
terre, dans des cavernes profondes où ne pénétrait
pas le soleil..... L'inventeur de tous les arts dont
jouissent les mortels, c'est Prométhée.
ESCHYLE-PROMÉTHÉE ENCHAÎNÉ

... Eschyle et Shakspeare ont raison,
O terre, d'étoiler ton plafond de prison.
...Gutenberg fait du jour, de l'amour, de la vie
Avec le plomb fondu du vieux supplice humain
...Et, l'Univers ayant ce but : voir et savoir,
Pour l'astre et pour l'esprit rayonner est devoir
V. HUGO

MENTON
IMPRIMERIE MODÈLE - V. COLOMBANI
1903

TRIEUSE
N°10

AVANT-PROPOS

La science fournira toujours à l'homme le
seul moyen qu'il ait pour améliorer son sort.

RENAN.

La Science ne doit pas s'entendre de tout ce que l'on peut entasser dans sa mémoire : croyances sans preuves, élucubrations contenant des rêves irréalisables parce que dénués de base, vaines semences enfin que l'imagination jette sans profit, car elles sont stériles.

La seule science où l'homme puisse trouver gloire et bénéfice, c'est celle qui ne risque un pas en avant que lorsque le terrain parcouru est à la fois mesurable et analysable ; celle où le fait d'hier engendrera logiquement le fait de demain ; celle, en un mot, qui tient à deux mains le flambeau de la Vérité, parce que l'examen, le calcul, la preuve tangible lui font toujours cortège.

Or, dans certains salons, il est de bon goût de calomnier la science. Les fidèles de ces sanctuaires se qualifiant bien pensants, sont en général incapables d'avoir d'autres idées que celles de leurs chefs de file chargés de penser pour eux, et se montrent très fiers de la servitude intellectuelle où les tiennent plongés des gens qui ont tout intérêt à épaissir leurs ténèbres.

Cette élite bien pensante (1) bénéficie de la science en gémissant, lance à tort et à travers ses vagues anathèmes et ses non moins vagues bénédictions, regrette la grotte préhistorique, mais se garde bien d'essayer quelque part ses théories paradisiaques et antédiluviennes.

Nous sommes de ceux qui croient que la calomnie, impuissante ou non, avec ou sans esprit, est également méprisable.

Les personnes, en effet, qui voudront bien jeter un coup d'œil impartial sur l'Histoire, c'est-à-dire sur le fait historique dépouillé de toute rhétorique vaine, se convaincront aisément que la calomnie fut toujours l'arme des systèmes religieux et politiques surannés, et des superstitions mourantes.

Ainsi, lorsque le paganisme sombrait peu à peu devant l'économie chrétienne, qui répondait alors aux aspirations des foules, toutes les calamités publiques, toutes les infâmies, tous les crimes furent imputés aux Chrétiens; il suffit du reste de parcourir Tacite, Juvénal, Pétrone, pour s'en convaincre.

Et aujourd'hui, comme il y a quinze siècles, ce sont encore les mêmes accusations fausses et ineptes qui ont la vaine prétention d'entraver la marche en avant de l'humanité. Le vieil arbre théocratique, depuis trois siècles, sent tout autour de lui tomber une à une ses branches mortes; ses fidèles se hâtent de lui élever un rempart de calomnies, car ils voient venir l'heure fatale où le tronc, pourri et desséché, s'écroulera lui-même au souffle puissant de la science.

Et il est au dessus de toutes contestations que la férocité des mœurs n'a disparu qu'au commencement de ce siècle, lorsque l'humanité entreprit l'exploitation de l'inépuisable mine scientifique et rompit enfin avec le fanatisme.

Pendant que le labeur génial fait jaillir vapeur et électricité du sein de l'infatigable Nature, l'Assemblée Constituante efface définitivement la Torture de notre législation criminelle.

Les autres nations suivent notre exemple.

Toutefois, en Espagne, l'Inquisition supprimée en 1808 par Napoléon, est rétablie par Ferdinand VII! Les cortés ne l'abolissent définitivement qu'en 1820!!

Or, la Théocratie étant, selon ses dires, d'origine divine (*) devait avoir de tout temps, par conséquent, l'omniscience et toutes les perfections. De plus, pendant près de quatorze siècles, elle fut, comme son aînée l'asiatique, omnipotente au point de posséder princes et peuples comme la tombe possède le cadavre.

D'où vient donc que l'infaillible théocratie n'ait pas aboli d'elle-même, et depuis longtemps, la Torture, cette preuve hurlante de barbarie?

Un oubli, sans doute...

(*) Ce qui donne une piètre idée de son dieu.

LA BIENFAITRICE

LIVRE I

—

CHAPITRE I

—

UNE ERREUR DE BON TON. — LA VAPEUR — LES CHEMINS
DE FER. — LA NAVIGATION A VAPEUR.

—

Avant d'aborder l'exposé trop bref des moyens de locomotion dans l'antiquité et le Moyen-Age, qu'on nous
permette de démontrer l'inanité de l'opinion qui veut que
les civilisations éteintes de l'Orient aient bénéficié jadis de
la vapeur et de l'Électricité, ces deux révolutionnaires
pacifiques qui travaillent sûrement et rapidement à
l'émancipation du genre humain.

Quand on scrute, même superficiellement, les traditions scientifiques de l'Inde, de la Chine, de la Grèce et
de Rome, on s'aperçoit bien vite que l'observation et l'analyse faisaient alors à peu près défaut à l'esprit humain. On
cherchait à deviner, et l'imagination plus ou moins fantai-
siste bannissait l'observation et la méthode. Du reste, écrasé
de théologie et de théurgie, un génial émule de Prométhée
eût en vain forgé le glaive civilisateur de la Science : la
Théocratie aurait brisé le fer au point de rendre impossible la soudure des tronçons épars de la lame.

Brahmes et Fakirs de l'Inde avaient en physique et en
chimie certaines connaissances : ainsi, ils fabriquèrent de
tous temps les compositions fusantes à base de salpêtre.—
Les prêtres égyptiens, en héritant des arcanes de ces pré-
tendus ministres du ciel, les amplifièrent dans le but de
pousser jusqu'au paroxysme leur prestige sur la foule, en

frappant les esprits par le miracle obtenu tout simplement à l'aide des quelques procédés scientifiques qu'ils avaient acquis. Comme les Indous aussi, ils pratiquèrent l'hypnotisme et le magnétisme animal. Ils fabriquaient l'acide cyanhydrique, opéraient l'analyse et la synthèse de certains corps, et au moyen de la coupellation obtenaient de l'argent avec le plomb argentifère.

De plus, sur la Grande Pyramide, sur cette Bible de pierre, on a pu lire le rapport de la circonférence au diamètre ; la rectification et la quadrature du cercle ; la longueur de l'axe de rotation de la terre ; la longueur de l'année et du parcours diurne de la terre sur son orbite ; la distance de la terre au soleil ; la densité moyenne de la terre ; le cycle de la précession des équinoxes......

Il est donc hors de doute que les prêtres de Thèbes et de Memphis avaient amassé un trésor scientifique, dont ils se gardaient bien de faire bénéficier le peuple, fidèles en cela au système théocratique, qui consiste à abrutir pour mieux gouverner. *L'eau amère* que le prêtre d'Isis faisait boire à la femme adultère, n'était autre chose que de l'acide cyanhydrique hydraté. Et quand la malheureuse femme, après quelques pas dans le sanctuaire, tombait foudroyée sur les dalles du temple, la foule fanatique criait au miracle. — Ces théocrates ne révélaient donc leur science, et pour cause, qu'à un petit nombre d'initiés s'engageant par serment à ne jamais rien divulguer, sous peine de perdre la vie. — On se débarrassait de l'indiscret ou du traître par un poison extrait de la feuille ou de l'amande du pêcher.

La Chine, elle aussi, avait récolté quelques perles dans l'Océan scientifique. Disons de suite qu'elle ne sut jamais en tirer parti. Les Célestes, toutefois, excellaient dans les arts mécaniques, dans la fabrication des étoffes, de la laque, de la porcelaine, des ouvrages sculptés, etc. — Il est même avéré qu'ils connurent bien longtemps avant nous le mélange ternaire détonnant de nitre, soufre et charbon, ainsi que l'usage de la boussole, qui ne leur était pas d'une grande utilité, inhabiles qu'ils furent toujours dans l'art des constructions navales. La typographie rudimentaire qui leur servit dès le dixième siècle à imprimer leurs ouvrages classiques, dénote assurément chez ce peuple un certain esprit inventif. L'intelligence du mécanicien Pan était extrême. Ce Vaucanson asiatique, dont parle le philosophe Meng-Tseu (IV av. J.-C.) avait construit pour sa mère un automate en bois qui, paraît-il, remplissait les fonctions de moteur, de sorte qu'une fois un ressort lâché, le char sur lequel il était assis se trouvait emporté avec une certaine vitesse. Comme on le voit ce n'était là qu'un automobile jouet.

Du reste, la Chine eut également son Prométhée en la personne de l'Empereur Hoang-Ti (2.689 ans av. J.-C.). Le mythe Prométhée est probablement d'origine asiatique comme l'Iliade et l'Odyssée que contient en germe le Mahabharata de l'Indou Vyâsa. Hoang-Ti inventa, disent les Célestes, l'écriture, la monnaie, les poids et mesures, la boussole, l'année solaire, le tissage de la soie... ce qui est beaucoup... pour un homme seul !

Mais le Céleste Empire, comme nous l'avons dit plus haut, est un musée de découvertes scientifiques restées perpétuellement à l'état d'embryons.

En Europe, la Grèce, enivrée d'art et de poésie, la Grèce civilisatrice nous offre Euclide et Archimède.

Vitruve, à la fois architecte et mécanicien, nous prouve par son traité *De Architecturâ* que l'hydraulique, l'art de tracer des cadrans solaires et la mécanique étaient choses familières aux contemporains d'Auguste. Vitruve avait construit pour l'armée de César nombre de machines de guerre. D'ailleurs, dans le but de faciliter le glissement des matériaux et pour diminuer le coefficient de frottement des roues de leurs machines, Egyptiens et Romains employaient des barres de fer, sorte de rails grossiers.

Les appareils destinés à produire des jeux de scènes dans l'amphithéâtre de Vespasien, dans le grandiose *Colosseum*, par exemple, avançaient sur le sol par de semblables artifices. Certaines villes d'Italie possédaient des rues dallées de façon à présenter aux roues peu d'adhérence, tandis que les pieds du cheval s'appuyaient sur une sorte d'empierrement. — On trouvait aussi en Russie quelques routes, entre autres celle de Kamenoï à Ostrow, dotées d'ornières en bois, dans lesquelles roulaient les voitures, toujours dans le but de diminuer l'adhérence nuisible.

Mais, ni en Orient ni en Occident, nulle trace, nulle ombre d'indice dans l'Antiquité, de l'utilisation pratique

de la Vapeur et de l'Electricité. — La légende de l'invention et des applications par les anciens de ces deux grandes forces, n'a jamais été écoutée aux portes de l'histoire.
L'Eolypyle de l'Egyptien Héron et l'attraction des corps
légers par l'ambre, expérience dûe à Thalès et répétée plus
tard par Pline (Voir notre brochure *Quelques Mots sur
l'Électricité*) ressemblent à la locomotive et à la pile comme
la lampe étrusque au soleil. — D'ailleurs si l'homme était
monté plus tôt sur le coursier de flamme, au lieu de considérer son semblable comme un ennemi, il eût appris
à le connaître, à l'apprécier ; la limite entre deux états,
entre deux cités, n'aurait pas si souvent servi de prétexte
au carnage, et la guerre n'eût été (ce qu'elle sera bientôt)
qu'une honteuse exception.

Du reste, interrogez scrupuleusement, minutieuse-
ment les ruines de Babylone et de Ninive et la poussière
sépulcrale des métropoles asiatiques ; scrutez avec conscience les hiéroglyphes de Thèbes, la Diospolis Magna, de
Memphis, retrouvée depuis l'expédition de Bonaparte ;
interrogez même les débris (quelquefois gigantesques comme ceux d'Ancor) des cités de l'Inde et de l'Amérique du
Sud, florissantes plusieurs milliers d'années avant l'époque greco-romaine, nulle part vous ne trouverez le moindre vestige corroborant l'opinion d'une coterie ignorante
et orgueilleuse.

L'assertion de la gent bien pensante (1) touchant les
antiques applications de la science, n'est donc que la
sempiternelle calomnie soufflée par le hiérophante à ceux
qui reçoivent de lui le droit de penser, de parler et d'écrire dans le but de retarder l'inévitable banqueroute de la
superstition. Et ils ne s'aperçoivent pas que leur servilité
ne sert qu'à accroître une ignorance au plus haut point
profitable à une théocratie tombée au plus abject mercan-
tilisme.

II

L'ANTIQUE LOCOMOTION

L'Antiquité, comme moyen de transport, ne connut que la bête de somme, et l'homme « l'atome au large front » du poète, fit sentir à ceux de ses frères inférieurs qu'il jugeait devoir lui être utiles, sa supériorité morale et le poids souvent excessif de ses exigences.

En fait de locomotion, comme à peu près en toutes choses, le Moyen-Âge se borna à copier la barbarie des siècles qui l'avaient précédé, toute erreur séculaire étant alors vénérable et vénérée. Sous le plein cintre d'abord, sans l'ogive ensuite de ce temple-charnier on ne trouve que la hache du bourreau, car prêtres et princes n'ont pas d'autre ambition, en bons pasteurs, que de tondre, écorcher, saigner et manger la brebis. Scot-Erigène décapite avec soin l'intelligence, et rois et pontifes multiplient si artistement chaînes et entraves que l'être humain devient entièrement semblable au dieu Terme.

Pour son usage, Charlemagne restaura, au point de vue militaire, quelques voies romaines, routes où le coefficient de frottement était réduit au minimum par suite de la compacité de plusieurs couches d'un ciment très dur alternant avec des lits de cailloux et de briques.

Mais le bon (!) roi Louis XI se dit un jour que pour abattre ou plutôt pour avoir quelque chance de lutter avec succès contre la féodalité, un moyen de locomotion rapide serait un puissant auxiliaire, peut-être même plus efficace que les grappes de pendus dont il ornait les branches des arbres de Plessis-les-Tours.

Comme Charlemagne et Philippe le Bel, il se borna, hâtons-nous de le dire, à copier les relais des voies romaines. Ce roi, du reste, n'inventa rien, si ce n'est des supplices. Ce politique cruel, profondément imbus des superstitions de son époque, croyait, lui aussi, que l'humanité devait borner son activité à pratiquer des fouilles indéfiniment dans la poussière séculaire. Défense de tenter d'arracher à la nature ses secrets et d'améliorer par là le sort de l'homme : arbre de science, arbre de mort de par la

Bible. Défense donc de penser, de produire et de croître.

Devant le groupe sacré de la Peur, de la Superstition et de l'Erreur, la créature humaine devait à genoux chanter un perpétuel hosanna pour la plus grande gloire et tranquillité de ses cornacs.

Le système de stations ou relais que l'empereur Auguste, selon Suétone, institua le premier dans l'empire romain, lui permettait de faire en huit jours le trajet de Rome à Lyon, «ayant devant lui dans son char, dit Montaigne, un secrétaire ou deux qui écrivaient sans cesse, et derrière lui celui qui portait son épée.»

Pour tout dire, d'après Hérodote et Xénophon, l'idée première de l'établissement des postes remonte à Cyrus (cinq siècles av. J.-C.). Ce prince fit déterminer, grâce à de nombreuses expériences, la vitesse exacte du cheval, vitesse qui fut trouvée égale (d'après Montaigne) au vol des grues. Les relais étaient, paraît-il, de véritables hôtelleries, vastes et magnifiques où ce potentat logeait avec sa suite. C'est à lui que l'on doit l'usage des chars à quatre roues, attelés de quatre chevaux logés et remisés dans des édifices attenant à ceux dont nous venons de parler, et dans lesquels se trouvait un nombre considérable de chevaux et de courriers attendant les dépêches de l'État, pour les transporter sur tous les points de l'empire, à toute heure du jour et de la nuit.

Ce ne fut qu'en 1464 que Louis XI rendit à Doullens le premier édit régulier qui ait paru sur les postes de France. Avant cette époque l'université de Paris, à qui Philippe le Bel avait concédé le droit d'expédier à son profit, et toutes les fois que la sûreté du royaume n'y mettait pas obstacle, la correspondance des particuliers, l'université, disons-nous, *expédiait à des époques indéterminées, selon son bon vouloir*, des messagers qui se chargeaient de toutes les lettres qu'on leur remettait sur leur passage et les distribuaient dans toute la France. Seulement, dans ces conditions, une missive parvenait souvent à destination à... *un an près !*

Cependant, en établissant les postes dans son royaume, Louis XI, à l'instar des empereurs romains, ne voulut pas tout d'abord constituer une administration au service du public. — C'est d'ailleurs ce qui ressort des principales dispositions de son édit, dont voici le texte : «Que sa volonté et plaisir (dit le roy) est que dès à présent et doresnavant il soit mis et establi spécialement sur les grands chemins de son dit royaume, de quatre en quatre licues, personnes séables, et qui feront serment de bien et loyalement servir le roy, pour tenir et entretenir quatre ou cinq chevaux de légère taille, bien enharnachés, et propres à tenir le galop durant le chemin de leur traite, lequel nombre se pourra augmenter s'il est besoin. Il est défendu *à peine de la vie*, aux maîtres coureurs (maîtres de poste) de bailler aucuns chevaux à qui que ce soit et de quelque qualité qu'il puisse être, sans le mandement du roy, d'autant que *le dit seigneur ne veut et n'entend que la commodité dudit établissement ne soit pour autre que pour son service.* »

Le prix de la *traite du cheval* durant quatre licues, y compris *celui de la guide* qui le conduira, est fixé par le même édit à la somme de *dix sols.*

Toutefois, par tolérance et toutes les fois que les intérêts politiques ne s'y opposèrent pas, les particuliers purent dans la suite se servir, pour la transmission de leur correspondance, des messagers et courriers ordinaires du roi. Disons de suite que la pénalité établie contre les *maîtres coureurs* délivrant des chevaux aux personnes non autorisées par le roi, est littéralement empruntée, ainsi que le fond de l'édit lui-même, aux règlements des empereurs romains. Nul, en effet, ne pouvait se servir des relais établis sur les voies romaines, sans un rescrit de l'empereur.

Quoiqu'elle fut bien loin de constituer une innovation, la création des postes subit presque, ou peu s'en fallut, le sort réservé aux inventions. Le *droit divin* du monarque Louis le Onzième eut à lutter contre les *intérêts du ciel*: les moines blamèrent l'institution royale des postes. Le prédicateur Maillard parla de Louis XI en termes offensants, le roi le fit prévenir que s'il recommençait, il le ferait jeter à la rivière. « Il en est le maître répondit le moine; mais qu'il sache bien que je serai plus tôt en *paradis par eau* que lui *par ses chevaux de poste.* » — Ce brave théocrate était bien loin de se douter que son culte tomberait un jour de lui-même dans l'eau.

Louis XI avait accordé de nombreux privilèges aux

maîtres coureurs, mais le peuple, au fond de l'ignorance où l'on avait grand soin de le maintenir, accueillit fort mal cette innovation. Pour lui, en effet, il n'en résultait qu'une augmentation de charges, les privilégiés bénéficiant seuls, alors, de cette rapidité relative des communications. Quoi qu'il en soit, sous Louis XIV, de Louvois frappé de l'importance chaque jour plus considérable du produit des postes, les mit en ferme au prix de 1.200.000 francs. On enleva à l'Université son privilège, et le monopole reçut une constitution régulière.

Enfin, en 1788, la ferme des postes rapportait, en France, 12 millions.

En Angleterre, bien qu'on fasse remonter à Edouard III l'institution des postes, ce ne fut que sous la reine Anne (1664-1714) que fut constituée définitivement l'administration des postes (Post-Office) de la Grande Bretagne.

En Allemagne, le comte Roger de la Tour et Taxis établit la première poste régulière; son fils François, après avoir créé un service permanent entre Vienne et Bruxelles fut nommé maître général des postes en 1516, par l'empereur Maximilien.

Le baron d'Haussez raconte qu'en Hongrie les relais (forch-pan) étaient desservis par les paysans des villages que l'on traversait. — Ces paysans déguisés en postillons, habillés d'une façon primitive, entraînaient des chevaux chétifs, maigres et d'une propreté douteuse. Le harnachement, en rapport avec la toilette sommaire du maître, se composait de deux cordes passées dans les extrémités d'une sangle fixée sur le poitrail et qu'une ficelle maintenait à la hauteur des épaules du cheval. La longe du licou *licou* tenait lieu de chaînette et de reculement. De mauvaises cordes des mains du cocher se prolongeaient jusqu'à la bouche du coursier, remplaçant les rênes. Le baron d'Haussez prétend que « les chevaux de volée étaient dirigés par un postillon monté à cru sur un cheval dont l'échine tranchante semblait devoir pourfendre de bas en haut le malheureux cavalier.» Il se plaint surtout du costume de ces postillons, « qui n'ont de vêtements que ce qu'il en faut pour empester une atmosphère qui voyage avec eux....»

Dans l'empire des Czars, les chevaux de Livonie sur-

tout arrivaient à courir 250 westres (72 lieues) en 24 heures, et les courriers Tatars parcouraient en 20 jours les
600 lieues qui séparent Constantinople de Bassora. Bien
entendu, ce n'est pas dans les pays qui portent le joug
cruel, ignare et abrutissant de l'islanisme qu'il faut chercher la moindre lueur de progrès. Ainsi, dans certaines
parties de l'Asie, en Turquie, par exemple, le service des
Postes fonctionnait avec une négligence... orientale. Pour
de petites distances des coureurs à pied se chargeaient des
dépêches ; dans le cas contraire des Tatars faisaient office
de courriers, et, faute de relais, jouissaient du privilège
de démonter les cavaliers qu'ils trouvaient en chemin !....
Dans l'antique terre des Brahmes, ce berceau de l'humanité, dit-on, dans l'Inde, la vitesse des courriers ne dépas-
sait pas une lieue et demie à l'heure ; ayant l'éternité pour
eux, les devas n'aimaient que la sage lenteur !

A part les routes de Madrid aux résidences royales et
celle de Madrid à Cadix, dans la catholique Espagne, impossible de trouver de service de relais. On mettait quatre jours et quatre nuits pour franchir les 460 kilomètres
qui séparent ces deux dernières villes. — Toutes les théo-
craties, quelles qu'elles soient, stérilisent fatalement l'effort
humain : esclaves du prêtre et du moine, les espagnols ont
été religieux jusqu'au fanatisme le plus exalté ; et il n'y a
pas de peuple au monde dont l'hégémonie fut plus éphémère et la décadence plus rapide. Les brahmes de l'Inde
eux aussi (voir les lois de Manou) avaient réglementé non
seulement la nourriture, mais la manière de se vêtir, et
placé les castes dans une sorte d'étau hiérarchique que le
prêtre indou maniait avec art et dans l'intérêt de sa toute-
puissance. L'orthodoxe Poujoulat écrivait, il y un demi siècle, que les ulémas, tout en faisant l'éloge de la science, se
gardaient bien d'instruire le peuple. — La théocratie, c'est
l'écrasement dans l'œuf de l'intelligence et de la raison,
c'est l'humanité mise éternellement sous séquestre.

En Chine et au Japon le service des postes était l'objet
d'une sorte de vénération de la part du public : prévenu
par une clochette agitée de temps en temps par la main de
l'automédon, le voyageur quel qu'il fût, l'empereur lui-même
s'empressaient de faire place, tandis que chez nous il était

souvent impossible d'obtenir d'un charretier qu'il se détournât pour laisser la route libre.

La distance que l'on pouvait parcourir en France en chaises de poste n'excédait pas 150 kilomètres par jour, mais n'était nullement inférieure cependant aux distances franchies chez les autres nations.

Enfin, pour clore le bilan de ce mode de locomotion, disons que certains particuliers, entre autres Napoléon I, atteignaient des vitesses plus grandes. La voiture de ce conquérant n'était autre chose qu'une véritable maison ambulante. Dans cette ancêtre du *sleeping-car*, on trouvait: lit, table pour manger et écrire, éclairage, chauffage et lavabo. Tout avait été prévu et se plaçait dans des compartiments. Napoléon pouvait admettre trois personnes dans sa voiture et faisait plus de 22 kilomètres à l'heure.

Mais depuis la Grande Date, depuis 89, où le genre humain, affranchi après tant de siècles de souffrances, avait hâte, échappé de sa géôle, de connaître et de parcourir le globe terrestre où souvent le rempart le plus faible, parquait pour ainsi dire l'humanité, habituée, et pour cause, à considérer comme ennemi tout homme habitant au delà d'une montagne, d'un fleuve, d'un ruisseau, depuis cette grande époque, l'homme rêvait la conquête du cheval aux poumons d'acier.

Ce coursier fantastique, dressé par Cugnot (1770) Evans et Stephenson, harnaché par Séguin en 1820, prit alors son irrésistible galop, mettant à quelques heures des cités, des capitales que des semaines et des mois de dures étapes permettaient d'atteindre péniblement jadis. — Ses pieds aux fulgurantes lueurs commencèrent alors l'émiettement des murailles de Chine, qui bientôt cesseront de séparer les peuples.

III

LA VAPEUR.

—

*Les soi-disant infaillibles (?) penseurs (!) dévots perro-
quets ou aigrefins, disent la science funeste : ouvrons donc
l'histoire.*

Depuis l'époque où Constantin Ier en 313 déclara le
christianisme religion officielle de l'empire romain, jusqu'au jour où le médecin Denis Papin (1647-1710) découvrit le premier la force élastique de la vapeur d'eau, il est
au-dessus de toutes contestations que seules les querelles
théologiques absorbèrent sous toutes les formes les intelligences. Les forces viriles des peuples sombraient inévi-
tablement au son des quatre cordes de la guitare théocratique : vols, massacres, guerres et pestes. Les 15 siècles de
foi eurent pour effort et pour effet de parquer, diviser et
détruire au besoin les peuples et les nations au profit du
moine et du prêtre alimentant avec soin d'interminables
et sanglantes luttes religieuses, afin d'affermir leur puissance. Rien de tel, en effet, que les controverses et les
disputes pour fortifier les pieuses croyances, quand les
naïfs, bien entendu, les prennent au sérieux au point de
verser leur sang pour elles.

Les avocassiers de ces époques d'erreurs et de crimes
soutiennent cependant que ce fut là pour l'humanité un
véritable âge d'or, tandis que la science est pour nous la
source de tous les fléaux.

Ouvrons donc l'histoire, et de ces pages où suinte le
sang, bornons-nous à citer seulement les plus remarquables tueries, toutes au nom et sous les auspices d'un
culte de pardon et de mansuétude.

Les persécutions contre les Donatistes (305), les Ico-
noclastes (485), les Manichéens (841) devenus plus tard les
Albigeois produisirent, d'après les estimations les plus
optimistes, 569 mille victimes.

Le bilan des massacres des Albigeois de Béziers (1209)
d'Albi (1215), des Croisades (1096-1270) est au bas mot
d'un million d'hommes.

Le schisme d'Occident (1309-1411), la guerre des Hussi-
tes (1415-1434), la répression des Anabaptistes (1523-1535)
les massacres de Mérindol et de Cabrières (1545) et la Saint-
Barthélemy (1572) ne donnent que 248 mille victimes.
C'est peu, la foi périclite; aussi la catholique Espagne
prend en main la torche sainte et Las Casas nous apprend,
avec indignation il est vrai, que ses pieux compatriotes
firent périr quelques millions d'Indiens. — Ce dominicain passa cinquante années dans le Nouveau-Monde.
Il est probable que les Indiens voyant le Saint-Office livrer
aux flammes des milliers de leurs compatriotes ne devaient
éprouver que peu d'enthousiasme pour un culte qu'on
leur imposait si... catholiquement.

Le prêtre espagnol Llorente, écrivain, puis secrétaire
général de l'Inquisition en 1789, nous enseigne que les
prédécesseurs et les émules de l'archevêque Fernando
Valdès et du dominicain Torquemada envoyèrent à la mort
environ onze cents individus chaque année; et l'Inquisition introduite en Espagne en 1232, s'y maintint jusqu'en
1809!...

Les papes Innocent III (1204), Grégoire XI, Alexandre
III furent les plus ardents propagateurs de cette belle institution faisant de la lumière d'ardente et peu commune
façon. — Entre parenthèse, les tortures, les supplices de
toutes sortes et le bûcher que le bras séculier, bourreau
aux ordres de l'Eglise, prodiguait aux accusés, étaient de
simples parodies des supplices en vigueur au temps de cet
«affreux» paganisme que les catholiques remplaçaient par
l'*Age d'Or*. Ainsi les druides sacrifiaient à Teutatès des
victimes humaines, en général des prisonniers de guerre
que l'on enfermait dans des géants d'osier et qui devenaient
la proie des flammes. L'*artifex Nero imperator* avait illu-
miné ses jardins avec des chrétiens enduits de résine. —
L'Eglise a toujours conservé les saines traditions. Elle abo-
lit le supplice de la croix, les combats de gladiateurs, mais
elle nous donne l'*in pace* et l'*auto-da-fé*. — Affranchisse-
ment des esclaves, mais création du servage.

Dans la *sage Angleterre* la foi religieuse enfantait également des merveilles : on brûlait souvent les partisans
du pape, on pendait de temps à autre ceux qui n'étaient
pas papistes. Ceux qui croyaient sage d'observer la neutra-

lité, pouvaient jouer leur sort aux dés : ils étaient ou brûlés ou pendus. Les non-conformistes se voyaient condamnés à cinq mille livres d'amende. On les plaça ensuite au pilori et on leur coupa les oreilles, ce qui n'était pas là le moyen de s'entendre. Que de beautés dans les siècles de foi !

Le duc d'Albe inventa le Conseil des Troubles et le Conseil de sang. Ses espagnols fanatiques massacraient et brûlaient avec entrain tous ceux qui refusaient d'embrasser la foi catholique. — Cent mille habitants des Pays-Bas prirent alors la route de l'exil (1556)... En France, lors de la Révocation de l'Edit de Nantes (1685), 300 mille huguenots s'expatrièrent fuyant devant les dragonnades. — Les dragons touchaient *six* livres par hérétique converti. On arrachait les ongles aux récalcitrants, ou bien on les faisait asseoir sur des brasiers. — «Le plus fort de leur étude, dit Elie Benoît, était de trouver des tourments qui fussent douloureux sans être mortels.»

Louis XIV et Madame de Maintenon pensaient arriver ainsi à l'unité de foi. Au fait, ils jouaient le rôle de pantins aux griffes des P. P. Letellier et de la Chaise, jésuites. Ces derniers avaient la conviction qu'ils parviendraient ainsi à étouffer dans son berceau la libre pensée ; Bossuet félicitait le roi de ce grand évènement et parlait des bontés de la Providence pour le Roi, pour la France et la Religion !

Et cependant, ô béats et aveugles ! la Science «n'avait pas encore tracé autour de la terre un chemin triste et droit» (Alfred de Vigny); l'homme n'était pas encore monté «sur le taureau de fer qui fume, souffle et beugle» (idem) Papin n'avait pas encore parlé et « les armoiries de Stephenson n'étaient pas alors inscrites à la surface du globe en parallèles de fer.» — La science n'avait pas eu son aube éblouissante à l'époque où un homme sachant lire était un être si extraordinaire, qu'en France, en Angleterre, en Allemagne, on accordait à un coupable lettré sa grâce, quel que fût son crime, en vertu du *bénéfice de Clergie.* Quinze siècles d'autorité sans conteste, d'omnipotence absolue n'ont pas suffi à l'infaillible église pour apprendre à lire à l'humanité, qu'elle soutenait comme le chevalet de torture soutenait le patient. — En 1870, bon nombre de communes de France comptaient encore au moins cinquante pour cent d'illettrés. — Voilà le bilan des siècles de foi. . . . .

. . . .

Afin de détruire toutes les illusions à cet égard, disons immédiatement que les éolipyles de l'antiquité (que du reste les rares chercheurs du Moyen-Age se bornèrent à copier servilement) n'étaient que des joujoux reposant sur une très vicieuse utilisation de la vapeur d'eau et produisant un travail mécanique à peu près nul. On ignorait à ce point la nature de la force qui les actionnait que l'on allait jusqu'à prétendre que ces petits appareils n'entraient en rotation que grâce *à l'air que le feu mettait en mouvement*. Au surplus, la dénomination grecque d'éolipyle justifie par son étymologie l'erreur devenue classique depuis l'invention du premier de ces appareils par le mécanicien Héron (120 ans av. J.-C.) jusqu'à Denis Papin.

Certes, la Raison et l'Intelligence, quelque comprimées, entravées et sequestrées qu'elles puissent être, ne succombent jamais : elles sont en léthargie tout au plus. Au milieu des ténèbres moyennageuses, quelques hommes comme Arnaud de Villeneuve, Lulle, Paracelse, ayant à un haut degré «la lueur faciale» dont parle le poète, errèrent autour de la vérité sans oser l'aborder de front, pour deux motifs : d'abord parce que l'esprit de méthode faisait défaut et ensuite parce que placée perpétuellement entre la hache et le bûcher, l'intelligence la plus géniale devait manquer d'enthousiasme.

Toutefois, quoi que l'on puisse dire à ce sujet, il est au-dessus de toutes contestations que c'est au français Denis Papin que revient la gloire d'avoir découvert le véritable principe de la machine à vapeur. Laissons, pour un instant, la parole à F. Arago.

« Papin a imaginé la première machine à vapeur à piston ; il est le premier qui ait songé à combiner dans une même machine à feu l'action de la force élastique de la vapeur avec la propriété dont cette vapeur jouit de se condenser par le refroidissement...»

Denis Papin, médecin et physicien français, né à Blois en 1647, créa, en collaboration avec le savant hollandais Huygens, un moteur à poudre que l'on peut considérer comme l'ancêtre du moteur à gaz. Et c'est en réfléchissant au vice capital que présentait cette machine à poudre, c'est-à-dire au vide imparfait produit dans le cylindre par la déflagration de la substance détonante, que Papin eut l'idée géniale d'employer la vapeur d'eau à atteindre ce but ; car nous devons dire que dans l'esprit de Papin la vapeur d'eau ne devait servir qu'à faire le vide dans un corps de pompe et à forcer par conséquent le piston à redescendre pressé par le poids de l'air, lorsque la vapeur par sa condensation produisait le vide au-dessous du piston.

Mais, quoi qu'il en soit, l'unique conception de l'action de la vapeur dans l'intérieur d'un cylindre suffit pour immortaliser Papin, car il découvrit ainsi la véritable base du moteur à vapeur.

On peut donc affirmer hautement que le marquis de Worcester ne fit que du vacarme, lorsqu'il fit éclater en 1663 par l'effet de la vapeur d'eau un canon après l'avoir maintenu vingt-quatre heures sur un brasier. — Les éclats de cet obus à vapeur ne sauraient meurtrir la gloire de notre compatriote. L'américain Evans en 1773 amusait ses dix-huit ans à faire partir ce que ses concitoyens appelaient des pétards de Noël. Après avoir encloué la lumière d'un vieux canon de fusil, y avoir introduit un peu d'eau et obturé l'orifice à l'aide d'une cheville de bois, Evans plaçait l'arme dans un feu de forge ; au bout de quelques minutes la tension de la vapeur projetait l'obturateur avec bruit. Mais au moins Evans nous donna plus tard la machine à vapeur à haute pression, dont l'allemand Leupold avait déjà esquissé le squelette.

Revenons à l'immortelle découverte de Papin (1690). Sa machine consistait dans un cylindre contenant de l'eau que l'on portait à l'ébullition à l'aide d'un brasier. Lorsque la vapeur avait atteint assez de tension pour soulever le piston jusqu'au haut du cylindre, on immobilisait sa tige au moyen d'un cliquet ; alors on éloignait la source de calorique, on retirait le cliquet, la vapeur se condensant par suite de l'abaissement de température, produisait le vide à l'intérieur du cylindre et le piston redescendait pressé par l'atmosphère extérieure.

Cependant l'invention de Papin (laquelle avait à coup sûr besoin de perfectionnements) fut très mal accueillie. Le physicien Hooke se borna à faire ressortir les défauts de la nouvelle machine et tout fut mis en œuvre pour décourager l'inventeur.

Toutefois Denis Papin eut tort au point de vue de ses intérêts d'abandonner la Société Royale de Londres où il avait trouvé un assez bon accueil. Il partit pour Venise où le chevalier Sarroti lui offrait une position à l'Académie des Sciences et des Lettres, que le Sénat de Venise venait d'instituer. Là, si sa réputation grandissait chaque jour, en revanche ses ressources pécuniaires allaient s'amoindrissant très vite. Papin reconnut bientôt que l'excessive générosité du chevalier Sarroti n'était que du clinquant, de la «dimostrazione» et il revint en Angleterre où la Société Royale de Londres, nous dit M. Louis Figuier, le chargea d'exécuter les expériences ordonnées par elle, et de copier sa correspondance.

Il recevait pour toute rétribution la somme de 62 francs par mois. Un jour il offrit à cette Société de construire un fourneau épargnant plus de la moitié de combustible. Pour atteindre ce but, il sollicitait humblement de la Société Royale la somme de 250 francs....

Au déclin de sa vie l'indigence vint s'asseoir au foyer de l'inventeur qui, soutenu, encouragé, aurait réservé à la France la gloire d'avoir doté l'humanité d'une des plus belles et des plus fécondes découvertes, la machine à vapeur. Mais la Révocation de l'Edit de Nantes fermait au protestant Papin les portes de sa patrie. Que ceux qui lancent aveuglément l'anathème contre notre époque de science et de liberté, lisent donc les faits et gestes de la Théocratie en 1685, tous tyrans et bourreaux pour conserver leur inavouable omnipotence sur le sol français! Qu'on nous permette de citer à ce sujet quelques lignes de l'historien Duruy.

«... On ôta aux protestants les garanties que l'Edit de Nantes leur assurait, en supprimant les chambres mi-parties des parlements de Toulouse, de Grenoble, de Bordeaux et les libertés que Richelieu et Mazarin leur avaient laissées... On les chassa des fonctions publiques et des professions libérales... On défendit aux catholiques, sous peine des galères à vie, d'embrasser le calvinisme, et on permit aux enfants des réformés de renoncer à leur religion, dès l'âge de sept ans, âge auquel, disait-on, ils sont capables de raison et de choix dans une matière aussi importante que celle de leur salut. A l'appui de cette déclaration beaucoup d'enfants furent arrachés à leurs familles : ce fut pour les jeunes filles nobles, ainsi converties, que le couvent de Saint-Cyr fut fondé par Madame de Maintenon. On multiplia les missions dans les provinces ; on acheta les consciences à prix d'argent... Louvois recourut à des moyens encore plus persuasifs. Il *imagina d'y mêler du militaire ;* il logea des gens de guerre chez les calvinistes. Ces missionnaires bottés commirent les plus grands excès. Comme les dragons se distinguèrent entre tous par leurs violences, on appela cette exécution les *dragonnades*... On supprima tous les privilèges accordés aux protestants par Henri IV et Louis XIII ; on leur interdit l'exercice public de leur culte, excepté en Alsace ; on ordonna aux ministres de quitter le royaume dans les quinze jours, et on défendit aux autres de les suivre, sous peine des galères et de la confiscation des biens. On en arriva à des conséquences monstrueuses : les réformés n'eurent plus d'*état civil* ; leurs mariages, si, à l'aide d'une fraude ou d'un mensonge ils ne les avaient pas fait consacrer par l'Eglise catholique, furent regardés comme nuls, leurs enfants comme bâtards. Les biens de quiconque était constaté hérétique furent confisqués. Une part était assurée au dénonciateur. Ils ne souffrirent pas seulement dans leurs biens et dans leur conscience ; un grand nombre de ministres furent envoyés au supplice, et, pour que l'assistance ne put entendre leurs dernières exhortations, des tambours placés au pied de l'échafaud, étouffaient le bruit de leurs paroles. Etrange rapprochement avec l'agonie du petit-fils de Louis XIV ! »

Un siècle après cette infamie théocratique et royale, la France faisait enfin entendre aux nations sa grande voix émancipatrice.

Comme la plupart des inventeurs, Papin fut contraint d'abandonner une à une toutes ses découvertes, faute d'argent. — C'est ce que les gens bien pensants (!) appellent *manquer d'esprit de suite.* L'inventeur du moteur à gaz, de la machine à vapeur et de la soupape de sûreté, d'un pyroscaphe que les bateliers du Weser mirent en pièces craignant sans doute la concurrence, vit la misère se

BIBLIOTHÈQUE NATIONALE

glisser peu à peu dans son logis. En France, ses coreligionnaires lui eussent donné aide et protection, car la solidarité est toujours la caractéristique de tout système religieux ou politique au berceau. Papin aurait pu suivre l'exemple de son cousin Isaac, qui abjura la liberté de penser entre les mains de Bossuet, se convertit à l'ilotisme orthodoxe et vécut inutile. Papin repoussa cette honte. On ignore l'année où le malheur et la souffrance terrassèrent cet homme de génie ; on sait qu'il vivait encore en 1714 et voilà tout.

La pourpre de Louis XIV hypnotise encore les tardigrades bien pensants (!) ; nous, nous trouvons Papin plus grand sur son grabat.

Les anglais Newcomen et Cawley (1705), Potter (1713) Beighton (1718), et surtout l'ingénieur mécanicien James Watt, une des gloires de l'Angleterre, perfectionnèrent l'œuvre du français Papin, L'illustre Watt (1736-1819), arma la machine à vapeur de tous les organes qui, en la rendant pratique, lui assuraient le triomphe. Il découvrit en 1765 le *condenseur isolé*, puis la machine à double effet et à détente (1782), et ajouta de nouveaux perfectionnements à ses inventions ; la manivelle, l'enveloppe ou chemise des corps de pompe, etc. — *Observer*, telle était la devise sobre mais puissante de cet homme de génie, qui, se passionnant pour la littérature aussi bien que pour la science, défendait éloquemment Shakespeare contre l'auteur d'Athalie. Cette transcendante et encyclopédique imagination, qui n'avait jamais pu résoudre une équation d'algèbre et qui se contentait des procédés géométriques, créait le parallélogramme articulé pour moteurs à vapeur en même temps qu'elle donnait le jour, à Glascow, à un orgue doué de qualités harmoniques jusqu'alors inconnues ! C'est en méprisant l'ornière des préjugés, en brisant résolument les béquilles scolastiques, que cet esprit d'élite marchait, pour le bien de tous, à la recherche de l'inconnu. A l'âge de quatre-vingt trois ans, Watt inventa la presse à copier les lettres ; et, contrairement à l'usage antique et invétéré, put éviter le martyre. . . . .

Après Olivier Evans (1819) l'inventeur des machines à haute pression, les perfectionnements se multiplièrent avec rapidité. Aujourd'hui, on établit un moteur à vapeur selon le travail spécial qu'il doit effectuer. On a même créé des machines à vapeur sans chaudière, restreintes cela va sans dire à un petit nombre d'applications (*). Pour l'obtention des grandes vitesses, pour la commande directe des dynamos, on a alors construit des turbines à vapeur.

Quelques exemples suffiront pour démontrer l'essor prodigieux que la vapeur a imprimé à toutes les branches de l'activité humaine . Ainsi, dans les grands centres manufacturiers, pour le cardage de la laine et du coton, la fabrication des draps et de tous les tissus de fil, de coton ou de soie ; dans les usines métallurgiques, pour marteler, laminer ou étirer en fil les métaux ; pour le sciage mécanique du bois ; pour la fabrication de la porcelaine, de la faïence, du papier et l'impression des livres ; en un mot dans toutes les vastes ramifications de l'industrie, la machine à vapeur présente une écrasante supériorité sur les moteurs et machines mus par les hommes et les animaux. Un moulin à vapeur en exécutant le travail de 150 hommes, réalise une économie équivalant à la moitié du prix du blé.

Pour la fabrication du fer, par exemple, par les anciens procédés, un ouvrier ne produisait que 6 kilos par jour ; aujourd'hui il peut aisément donner 150 kilos.

Une machine à battre, mue par la vapeur, accomplit en deux jours le travail de quatre hommes pendant environ trois mois. — Une charrue à vapeur, une défonceuse, atteint aisément des profondeurs de 60 et 80 centimètres, irréalisables avec des bœufs ou des chevaux. De plus, un labour quelconque peut s'accomplir ainsi quatre fois plus vite, le bétail à l'étable ; et le bétail à l'étable c'est l'accroissement de l'engrais, et le *grand secret* de l'agriculture... jusqu'à présent.

Selon Arago, un boisseau de charbon coûtant en Angleterre 0 fr. 90 produit l'ouvrage de vingt hommes travaillant dix heures.

Et M. Louis Figuier affirmait, il y a quelque trente ans, que les machines à vapeur qui existaient alors en Angleterre remplaçaient à elles seules le travail de trente millions d'hommes. . . . .

Quelques années après les immortelles découvertes de

(*) Machines Serpolett.

Papin et de Watt, en 1789, la France brisait le chevalet de torture, éteignait le bûcher et créait selon le cri du grand poète « une nouvelle époque dans l'histoire du monde. » Le peuple, c'est-à-dire le genre humain, s'aperçut alors que le travail était le plus sain des devoirs, le plus grand des biens et que l'arbre de la science produit la Vie. A cela la gent bien pensante (!) oppose ses sempiternelles jérémiades, regrette la sanglante poussière du passé, affirme toujours que le travail fut imposé à l'homme en punition du péché (?) et que l'arbre de la science produit la mort; elle veut la paresse, l'ignorance, l'illusion, le mensonge; elle se cramponne à la robe du hiérophante; il faut que le moine l'emmaillotte et que l'Eglise la berce et la berne.

IV

LES CHEMINS DE FER

Nous avons revendiqué pour la France la découverte de la machine à vapeur. Nous revendiquons aussi pour cette nation la première application de la vapeur à la navigation et à la locomotion sur route. Mais les voies ferrées appartiennent sans conteste à l'Angleterre.

Nos assertions découlent purement et simplement de l'impartial fait historique dans toute sa brutalité. Nous ne sommes pas accessible au chauvinisme. Nous sommes de ceux qui aspirent à transformer en réalité l'utopie du nivellement des frontières et de la pacification universelle.

On appelle utopie ce que l'effort humain n'a pas encore pu ou voulu accomplir.

L'utopie, c'est le fruit auquel le vulgaire insensé ne cesse de lancer des pierres, quitte à se l'approprier plus tard, lorsque mûr il se détache enfin, un jour, de l'arbre scientifique. Tôt ou tard l'homme s'évadera de la géôle des nations et l'Unité sera le drapeau du genre humain. La science accomplira ce prodige.

Qu'on nous permette de citer ici quelques vers d'un penseur profond, M. Fouquet, l'inventeur d'une méthode pour apprendre à lire en quelques instants. Dans sa bro-chure La Triple Alliance, cet écrivain émérite et méconnu s'écrie, à propos des crimes sans nombre engendrés jusqu'à ce jour par les *nations et leurs chefs* :

« ... Et qui sommes-nous donc ? — Faut-il que l'on oublie
Que l'homme a, sans nous, existé,
Et ne doit voir en nous que l'image affaiblie
De l'immortelle humanité ?
Plus qu'elle cependant les peuples nous chérissent
Parce qu'ils nous ont sous les yeux,
Lorsque l'humanité que nos crimes flétrissent,
A le front caché dans les cieux !
Et pour prix de l'amour qu'ainsi l'on nous prodigue
Nous causons d'horribles regrets,
Nous voulons follement opposer une digue
Aux flots superbes du progrès !
Et de l'humanité nos canons, nos mitrailles
Semblent conspirer le trépas !. . . . .

. . . .

... La Raison doit venger la Conscience humaine,
Et tuer la Destruction ! »

Toutefois, jusqu'à ce jour et dans l'état actuel de civilisation, on doit reconnaître que la France a toujours tenu haut et ferme le drapeau du Progrès et entraîné dans son sillage les autres peuples. — Dans l'antiquité la Grèce transmit aux nations de l'Occident en l'avivant de son souffle génial la torche civilisatrice. La France a repris ce rôle avec une perfection telle que l'univers entier chante ses louanges. L'Angleterre elle-même, la « faiseuse d'affaires » reconnaît l'hégémonie intellectuelle de la « créatrice d'idées. »

Plusieurs siècles avant notre ère, on trouvait déjà partout nos ancêtres.

Plaute a écrit : Pas de guerre sans soldats Gaulois.

Et Salluste :

« Quand les Romains entrent en lutte avec les autres peuples, le résultat est la conquête ; avec les Gaulois, Rome combat pour sa sauvegarde. »

En 1792, lorsque le canon de Walmy eut écrasé les espérances des ennemis de la Révolution, le grand poète de l'Allemagne Goethe s'écria : « En ce lieu et dans ce jour, commence une nouvelle époque dans l'histoire du monde. »

Nous devons reconnaître que poètes et écrivains n'ont pas ménagé l'encens à cette grande nation, la France. La tâche leur était d'autant plus aisée qu'ils n'avaient pas à mentir.

Un écrivain anglais murmure au peuple de France : Sois heureux toi qui peux plaire au monde entier.

Le russe Gogol s'écrie avec joie : Français, vous êtes le sourire de l'Europe !

Michelet, qui le premier, dit-il, vit la France comme une âme et comme une personne, a écrit dans son livre *Le Peuple* : « ... Si l'on voulait entasser ce que cette nation a dépensé de sang et d'or, d'efforts de toute sorte pour les choses désintéressées qui ne devaient profiter qu'au monde, la pyramide de la France irait montant jusqu'au ciel... Et la vôtre, ô nations, toutes tant que vous êtes ici, ah ! la vôtre, l'entassement de vos sacrifices irait jusqu'aux genoux d'un enfant. Ne venez donc pas me dire : « Comme elle est pâle cette France ! »... Elle a versé son sang pour vous. — « Qu'elle est pauvre ! » Pour votre cause elle a donné sans compter... Et n'ayant plus rien, elle a dit : « Je n'ai ni or ni argent, mais ce que j'ai, je vous le donne... » Alors elle a donné son âme, et c'est de quoi vous vivez ! »

« J'ai considéré la France, nous dit l'historien Théophile Lavallée, comme exerçant à toutes les époques la magistrature morale de l'Europe, comme ayant providentiellement la mission du progrès, comme placée toujours en tête des autres nations pour leur tracer le chemin de l'avenir ; et l'histoire de notre pays a été ainsi, pour moi, l'histoire de l'humanité dans l'occident. »

Puis les chansonniers-poètes dont la lyre va jusqu'à égrainer de véritables odes :

« Des nations aujourd'hui la première,
France, ouvre-leur un plus large destin.
Pour éveiller le monde à ta lumière,
Dieu t'a dit : Brille, étoile du matin. »

. . . .

« De te bénir les siècles auront lieu,
Car ta pensée ensemence le monde... »

BÉRANGER.

« Dans tes rameaux, terre de France,
Que d'oiseaux de toute nuance
  Ont fait leurs nids ! »

PIERRE DUPONT.

Et les romanciers :

« Au seul bruit de sa délivrance
Les nations brisent leurs fers,
Et le sang des fils de la France
Sert de rançon à l'univers. »

A. DUMAS. (Chœur des Girondins.)

Enfin notre immortel poète Hugo :

... « Le peuple français réveillé avant tous et debout dans l'ombre, le front blanchi par l'aube de l'avenir déjà levé pour lui, disait aux autres peuples encore assoupis et accablés et remuant à peine leurs chaînes dans leur sommeil : Soyéz tranquilles, je fais la besogne de tous, je bêche la terre pour tous, je suis l'ouvrier de Dieu . . . .

« . . Et qui sont-ils? Quelle langue parlent-ils? Quels livres ont-ils dans les mains? Quels noms savent-ils par cœur? Quelle est l'affiche collée sur le mur de leurs théâtres? Quelle forme ont leurs arts, leurs lois, leurs mœurs, leurs vêtements, leurs plaisirs, leurs modes? Quelle est la grande date pour eux comme pour nous? 89! S'ils ôtent la France de leur âme, que leur reste-t-il?.. »

Ces éloges sont méritées : la France fut en tout et partout la première. Elle colonisa et civilisa avant tous les autres peuples, mais l'incurable routine de l'Administration et le despotisme des talons rouges paralysaient toujours ses efforts et l'empêchaient finalement d'achever l'œuvre commencée.

En l'année mil trois cent soixante quatre, des navires dieppois vinrent aborder au Cap Vert, sur les côtes de la Guinée africaine, où les Portugais ne parvinrent à nous supplanter que pendant les guerres sanglantes des règnes de Charles VI et Charles VII.

Oui, nous fûmes les premiers au Canada, à la Louisiane, aux Antilles, à Madagascar, à l'Ile Maurice ; les premiers dans l'Inde que La Bourdonnais et Dupleix nous avaient donnée, que Lally Tollendal fut obligé d'abandonner après des efforts héroïques : il lutta plusieurs mois avec 700 hommes, sans argent et sans vivres, contre une armée anglaise de 22.000 hommes. De retour en France, il fut jeté à la Bastille, accusé de trahison, condamné à mort sans avoir pu se défendre, et exécuté le 9 mai 1766. Pendant ce temps Antoinette Poisson venait de coûter 40 millions à la France, grâce à la complicité de Louis XV.

. . . .

C'est au français Cugnot que revient la gloire de la première application de la vapeur à la locomotion. Son fardier expérimenté en 1770 à l'intérieur de l'Arsenal de Paris, parvint à traîner un poids de cinq mille livres représenté par le socle d'un canon de 48. Dans un des essais, le conducteur n'ayant pu évoluer à temps, la machine alla heurter et renversa même un pan de mur de l'Arsenal. — Ainsi la vapeur dès l'enfance, comme Hercule au berceau, manifestait déjà sa puissance invincible.

La locomobile routière de Cugnot, en France, tomba vite dans l'oubli. Toutefois, en Amérique, Olivier Evans, et en Angleterre Trevithick et Vivian, en reprenant et en perfectionnant l'invention de Cugnot, créèrent de véritables voitures à vapeur.

C'est ainsi que l'on put voir en 1826 un service de véhicules à vapeur fonctionner de Londres à Paddington. Bruxelles en 1832 possédait également un service de locomobiles routières. En France, où les voies ferrées ne s'établirent qu'avec une extrême lenteur, une diligence à vapeur due à l'inventeur Dietz, parcourut pendant quelque temps en l'année 1834 la route de Paris à Versailles. Comme on le voit l'automobilisme n'est pas chose nouvelle.

Mais la locomotion à vapeur sur route, quoique s'élançant la première dans l'arène, devait bien vite céder le pas à son écrasante rivale, la locomotion sur rails.

Nous avons vu au chapitre Ier de cet ouvrage, que depuis fort longtemps on cherchait à réduire au minimum le coefficient de frottement de la roue, dont l'invention se perd dans la nuit des siècles. — L'histoire, qui a conservé la mémoire des monstres comme Phalaris, Sapor, Borgia, aurait bien dû également arracher à l'oubli et glorifier, l'inventeur génial de la roue, et celui qui dota l'humanité du bateau.

En Angleterre, depuis 1696, dans les mines de houille de Newcastle, des chevaux remorquaient sur des rails de bois des voitures chargées de charbon. On s'était aperçu qu'un cheval pouvait ainsi traîner une charge triple de celle qu'il transportait sur des routes ordinaires. En raison de l'usure rapide du bois, et aussi parce que l'on avait constaté que la pluie en pénétrant dans ses pores augmentait l'adhérence, on garnit alors de plaques de tôle les rails de bois que les rails en fonte de fer détrônèrent définitivement en 1738. Enfin en 1789 les rails à rebord furent supprimés et remplacés par de simples bandes de fer ; les roues furent munies d'un rebord saillant de trois centimètres de largeur, destiné à les retenir invariablement sur le rail.

Ceci se passait en Angleterre. En France, ce ne fut qu'en 1823 seulement que l'on se décida à transporter de la houille de Saint-Etienne au pont d'Andreziex sur une ligne de rails de fer. Le moyen de transport sur ces rails empruntait, cela va sans dire, la force des chevaux, tandis que *dès 1814 une locomotive, construite par Stephenson, desservait en Angleterre les mines de houilles de Killingworth !*

Andrezieux.

Mais on aurait grand tort de croire que la locomotive détrôna la diligence aussi aisément que le jour succède à la nuit. Même en Angleterre où l'on n'a pas pour habitude de bouder comme en France les inventions dont le côté pratique est évident, l'établissement des voies ferrées se heurta à des obstacles innombrables et à deux objections dont l'une surtout mit longtemps à s'évanouir. Nous voulons parler du coût excessif de l'établissement d'un chemin de fer et des dépenses élevées rendues nécessaires pour l'entretien de la voie. Les inventeurs laissant donc de côté les résultats concluents obtenus en 1814 par Stephenson, dirigeaient uniquement leurs recherches du côté de la locomobile routière, d'autant plus que l'ingénieur anglais John Loudon Mac Adam venait d'établir en Ecosse d'abord (1787-1811), puis en Angleterre en 1819, le système d'empierrement des routes inventé par le français Trésageur, inspecteur général des ponts et chaussées sous Louis XVI. — Notons, en passant, que la France ne se décida à adopter définitivement le système de Trésageur que lorsque la Grande Bretagne l'eut établi partout.

La seconde objection était d'ordre technique : savants, ingénieurs, hommes compétents démontraient *théorique-*

ment que la roue de la locomotive ne trouverait pas sur le rail assez d'adhérence, en un mot qu'elle patinerait sur place au lieu d'avancer. Et selon le mot cruellement vrai de Paracelse, la nature ne livrant ses secrets que comme à regret et sans franchise naturelle, plusieurs années s'écoulèrent avant que l'on put se convaincre de cette vérité bien simple: le poids de la locomotive suffit à produire l'adhérence.

Quoi qu'il en soit, Stephenson, sans se soucier de théories que la pratique n'avait pas encore sanctionnées et qu'elle devait même bannir plus tard, construisait en 181-e la première locomotive, défectueuse assurément, mais néanmoins remorquant de lourds trains de houille à la vitesse de 12 kilomètres à l'heure.

Georges Stephenson est une des gloires de l'Angleterre. Ce fut le véritable créateur de la locomotion à vapeur sur voie ferrée. Dans son enfance, abandonné à lui-même par suite de l'extrême pauvreté de ses parents, Stephenson se fit pâtre, puis chauffeur des machines qui fonctionnaient à l'ouverture des fosses à charbon. Là, ses dispositions naturelles pour la mécanique se révélèrent et il eut l'extraordinaire chance d'attirer sur lui l'attention, en réparant un corps de pompe, en accomplissant divers travaux et en réussissant là où des ingénieurs avaient échoué. Nous disons que Stephenson eut la chance d'être remarqué : le génie, en effet, a beau briller du feu le plus vif, l'humanité, jusqu'à présent coutumière du gaspillage des intelligences, accueille avec froideur et même avec hostilité ses bienfaiteurs même les plus éminents. — L'homme médiocre que la chance accompagne, prospère partout ; l'homme de génie que la chance ne soutient pas, n'aboutit qu'au malheur. Hommes à la conscience pure ou gredins, intelligents ou médiocres ont beau tailler de leur mieux l'engrenage mystérieux dont la vie est faite, si la chance ne vient pas y verser sa goutte d'huile lubrifiante, nul d'entre eux n'atteindra le succès. — La chance est le résultat d'un concours de faits engendrés par des causes inconnues.

Avec son activité d'anglo-saxon Stephenson lutta sans découragement, sans trève, contre l'indifférence, le mauvais vouloir, l'aveuglement et la routine de ses compatriotes, si aptes d'ordinaire cependant à saisir de suite le côté pratique d'une invention. Enfin Lord Ravenswood, dont il dirigea avec habileté la grande houillère, lui fournit des fonds pour la construction de sa première locomotive. Il eut aussi la gloire en même temps que Davy d'inventer une lampe de sûreté à l'usage des mineurs, ce qui lui valut un prix de mille guinées. Stephenson consacra cette somme à l'éducation de son fils Robert, pour lequel il s'était imposé les plus durs sacrifices. Et ce fils répondit pleinement aux espérances que son père avait fondées sur lui : brillant élève de l'université d'Edimbourg, puis ingénieur expert, Robert Stephenson seconda son père dans ses travaux et entreprises. — Lui aussi remporta un prix de 500 livres sterling proposé pour la construction de la meilleure locomotive. — Son chef-d'œuvre fut l'établissement du pont-tubes jeté sur le canal de Menai.

Revenons à Georges Stephenson. Ayant offert pour le chemin de fer de Liverpool à Manchester, de créer une locomotive capable d'effectuer un trajet de dix milles à l'heure, cet homme de génie fut traité de *visionnaire* par le Comité du Parlement chargé d'examiner ses plans. A l'épreuve, sa machine fit *quinze milles* à l'heure ! Mais lorsqu'il eut gagné le prix au concours de Liverpool en 1829 avec sa locomotive la Fusée, sa réputation devint universelle et sa fortune assurée. La manufacture de locomotives fondée par lui à Liverpool lui permit de réaliser des bénéfices considérables ; secondé par son fils, il fournit à sa patrie l'Angleterre, à l'Amérique et au continent européen des locomotives de plus en plus perfectionnées, qui proclamaient sa gloire aux quatre coins du monde.

Nous insistons à dessein sur les succès de ce créateur des chemins de fer, car c'est un des rares inventeurs (comme on le verra à la fin de cet ouvrage) qui ait échappé à l'infortune et qui ait pu recueillir un juste salaire. Non seulement Stephenson était doué d'une imagination inventive fertile, mais il possédait aussi le sens pratique et l'intuition qui lui favorisaient l'assimilation des découvertes utiles dédaignées du vulgaire. C'est ainsi qu'il adopta de suite la chaudière tubulaire inventée par l'ingénieur français Marc Séguin en 1825. — C'est à cette chaudière, dite tubes à feu, que Stephenson dut le triomphe de la Fusée.

Il y a deux sortes de chaudières tubulaires : celle de

Perkins donnant 300 kilos de vapeur à l'heure, et celle de
Séguin produisant jusqu'à 1200 kilos dans le même laps
de temps, parce que l'ingénieur français eut l'heureuse
inspiration de faire passer la chaleur du foyer dans des *tubes à feu* baignant dans l'eau de la chaudière. Et Stephenson, au lieu de gaspiller le temps comme nous avons cou-
tume de le faire en France, quelque probant que soit un
fait, mit dè suite à profit la belle découverte de notre compatriote, réalisant de la sorte des vitesses de 50 kilomètres
à l'heure, au lieu de perdre des années en de vaines et
creuses discussions. — Disons en terminant que Stephenson eut la chance peu banale d'arriver à la gloire et à la
fortune, deux déesses qui, comme on le verra à la fin de
cet humble exposé, n'ont pas pour habitude de se prosti-
tuer aux bienfaiteurs de l'espèce humaine.

Aujourd'hui, grâce à l'accouplement de deux essieux
au moyen de bielles, ce qui permet d'utiliser toute l'adhérence, on possède des locomotives qui peuvent atteindre,
quand la voie le permet, des vitesses de 120 kilomètres à
l'heure. Actuellement les chemins de fer pénètrent partout, et M. Louis Delmer, dans son excellent ouvrage *Les
Chemins de Fer*, nous apprend qu'en 1896 le total en kilomètres des voies ferrées pour toute la terre était de
714.998.

Mais ce que l'on ignore généralement, c'est que depuis
1814 — époque où lord Ravenswood fournit des fonds à
Stephenson pour la construction de sa première locomotive — jusqu'en 1829 où La Fusée, gagna le prix au concours de Liverpool, l'inventeur des chemins de fer eut
pour ainsi dire à défricher le marais des objections sau-
grenues et même à livrer de véritables combats à la sottise
et à la malveillance. Lord Ravenswood fut abandonné de
ses amis comme s'il eut forfait à l'honneur. Nature du dé-
lit : avait favorisé de ses deniers l'éclosion d'une des plus
sublimes découvertes. La plupart de ses collègues poussè-
rent la bonté et la logique jusqu'à le traiter d'échappé de
Bedlam ! — L'heure n'est pas encore sonnée où nous pour-
rons donner un démenti à cette boutade d'un écrivain
français : les nations n'ont de grands hommes que malgré
elles.

En France, depuis 1823 jusqu'en 1852, ce fut plus

qu'un orage, ce fut une véritable trombe qui vint s'abattre sur les quelques progressistes clairvoyants désireux de doter leur pays d'une découverte qui, bien qu'au berceau, donnait déjà de l'autre côté de la Manche de prodigieux résultats. — Les diligences, de Liverpool à Manchester, ne pouvaient emmener par jour au delà de 500 voyageurs ; en 1830, lors de l'ouverture du chemin de fer entre ces deux villes, le nombre de voyageurs s'éleva immédiatement à 1.500. De plus, cette même voie ferrée transporta bientôt un millier de tonnes de marchandises par jour, apportant un dividende de 10 o/o, et faisait jouir ses actionnaires d'une prime de 120 o/o.

Mais en France, disions-nous, l'avalanche des objections burlesques, vient barrer la route à l'invention de Stephenson. Des poétereaux, à versification pâteuse, prétendaient que la locomotive détruisait la poésie des sites sauvages ; le bon propriétaire rural voyait son bétail asphyxié ou écrasé par les trains et son home devenir la proie des flammes ; les ingénieurs prétendaient que la locomotive en faisant explosion se transformerait en obus à mitraille pour les voyageurs ; les maîtres de poste versaient des larmes de crocodile sur le gaspillage des deniers des futurs actionnaires, les voies ferrées n'ayant pas, disaient-ils, devant elles, plus de deux années d'existence ; enfin les hommes compétents affirmaient que pour les marchandises les chemins de fer ne pourraient jamais lutter (c'est le contraire qui a lieu) avec les voies navigables. Des savants — Arago fut du nombre — mettaient en doute le côté pratique des voies ferrées que Thiers qualifiait de jouet onéreux dont le public reviendrait bien vite. Et Thiers (alors Ministre des Travaux Publics) tenait un pareil langage en revenant d'Angleterre, après avoir assisté au succès de la ligne de chemin de fer de Manchester à Liverpool ! — Jamais la ruse et le machiavélisme ne pourront se hausser jusqu'à l'intelligence. Grégoire XVI (Mauro Capellari, pape de 1831 à 1846) interdit au chemin de fer l'accès de ses États. — Le contraire nous eut causé une stupéfaction véritable.

Ainsi, en France, terre classique du progrès, vingt-neuf années (1823-1852) furent nécessaires à la locomotive pour se frayer une route à travers la masse inerte des intérêts aveugles et renverser l'épaisse phalange des imbéciles !

Observons en passant que Papin, Watt et Stephenson appartenaient à la religion du libre examen, de la libre pensée, en un mot au protestantisme. Ils étaient mariés, mais pouvaient compter sur la collaboration, si faible en apparence, mais si puissante en réalité, de l'épouse qui, échappant à toute influence nuisible, peut vivre, penser, chercher et travailler avec son mari, librement.

Avec la stérilisante théocratie catholique, la femme est l'esclave du prêtre célibataire, l'esclave hypnotisée. Le brahmanisme catholique, doublé du fakirisme clérical a pour effort et pour effet de paralyser le progrès. Le prêtre célibataire inculque une savante ignorance à la famille, la régente à tout instant, grâce à l'inconsciente complicité de la femme, et conserve toujours la haute main sur le foyer domestique où le mari n'a que le rôle d'un comparse. Et si le chef de famille — qui de la sorte ne l'est que de nom — tente de secouer ce joug abject, on fait le vide autour de lui, on l'isole en employant à cette jolie besogne son épouse même. Les nations protestantes au contraire, qui ont rejeté cette honteuse et déprimante servitude, la confession auriculaire, par leur industrie et leur commerce si florissants, l'emportent d'écrasante façon sur les peuples toujours en proie au paganisme catholique. — L'Angleterre, l'Allemagne et l'Amérique du Nord « qui ont mangé du pape » sont plus florissantes que jamais.

Donc il est de toute nécessité que la femme échappe à l'influence délétère du célibataire clérical. La femme, en effet, élevée par le prêtre, pour le prêtre, est maintenue par ce dernier dans une ignorance systématique, dans une sorte d'enfance que l'ecclésiastique met à profit pour retarder l'éclosion du progrès. Née à l'origine des sociétés barbares, la théocratie, exploitant toujours avec habileté l'ignorance et la peur, ne saurait vivre sans la barbarie. — Ne pas oublier à ce sujet que le bûcher, aboli en Espagne par Napoléon, fut rétabli en 1814 par Ferdinand VII, prince assurément orthodoxe !

Cultivons donc sans relâche les facultés intellectuelles de la femme et de l'enfant, développons autant que possible leurs aspirations esthétiques, qu'ils se rendent bien compte en même temps que c'est par la conquête de toutes les forces de la nature que l'homme peut se forger une existence acceptable ; en un mot, vulgarisons d'une manière intensive l'instruction et la science, car c'est sur cette double lime que le reptile théocratique usera ses crochets venimeux. — Du reste, que la femme se refuse à être le kakatoès du prêtre, ce sera là un grand pas d'accompli...

Les chemins de fer, en permettant aux peuples de se connaître et d'utiliser leurs ressources, développeront de plus en plus l'humaine solidarité. Et dans le monde entier, cette solidarité donnera au genre humain la force de faire enfin valoir ses droits à sa majorité, c'est-à-dire à la République.

Peuples, n'en doutez pas : la Science est l'anarchiste sainte qui pacifiquement vous débarrassera des inepties métaphysiques, des grossières et sanglantes superstitions du Moyen-Age, qui vous étreignent encore.

IV

LA NAVIGATION A VAPEUR

La navigation à vapeur a pour père le français Denis Papin. En proie aux étreintes de «cette *Pauvreté qui, selon Palissy, empesche les bons esprits de réussir,*» Papin lui donna le jour en 1707.

Un autre français, en 1772, le marquis d'Auxiron, reprend en vain la même idée.

Un troisième français, le marquis de Jouffroy d'Abbans expérimente en 1783 cette même découverte sur la Saône à Lyon, mais inutilement. — Tous trois n'aboutissent qu'au malheur.

Et à mesure que l'on pénètre dans le musée des découvertes géniales qui brisent une à une les chaines de l'humanité, on trouve chaque inventeur cloué au pilori. — La science a ses martyrs, comme les superstitions religieuses.

Mais du sang des martyrs de la science naîtra toujours la moisson de l'intelligence émancipée, puis croîtra le cèdre gigantesque de la liberté sainte ; enfin on verra poin-

dre la possibilité de domestiquer toutes les forces de la
Nature, qui, par le travail, procureront toujours à l'homme un bonheur qu'il peut atteindre de sa main. Le fanatisme religieux, au contraire, a transformé la terre en un
immense charnier ; le catholicisme à lui seul a fait périr
plus de dix millions d'êtres humains dans l'unique but de
conserver son absolue puissance. Pour atteindre un pareil
résultat il suffit de semer la terreur et de faire la nuit sur
l'intelligence, et de tout temps la théocratie excella dans
ce dilettantisme. — Voltaire et Papin, tous deux élèves des
jésuites, échappèrent à ces fossoyeurs de la pensée : leur
génie pesant avec force sur le mur de la geôle cléricale,
produisit l'effraction sainte. Mais la foule, masse obtuse
et aveugle, avec soin dépouillée par le prêtre de la faculté
de penser, retourne bien vite à la servilité bestiale. Et l'on
aurait tort de croire le fanatisme mort et le bûcher inqui-
sitorial absolument éteint. La théocratie pleure le pouvoir
absolu que lui arracha 1789. Les disciples de Loyola mur-
murent à l'oreille de leurs fidèles, de ceux qui tiennent
tant à honneur d'être dupes, qu'il suffirait de leur confier
l'éducation des enfants pendant deux générations seulement, pour nous ramener à l'*Age d'or* du catholicisme,
c'est-à-dire à l'*époque riante* de Fernando Valdès et de
Torquemada . . . .
. . . .

Les progrès réalisés dans la navigation à vapeur furent
le corollaire des perfectionnements apportés à la machine
de Papin et à celle de Newcomen par l'immortel James
Watt. Ainsi, quand le marquis d'Auxiron construisit en
1772 son pyroscaphe, Watt avait, en 1765, inventé le condenseur isolé.

L'aveugle et brutale animosité qui poussa en 1707 les
bateliers du Wéser à mettre en pièces le bateau de Papin
surexcita malheureusement aussi en 1774 les bateliers de
la Seine, dont les dispositions hostiles allaient se manifes-
tant chaque jour de plus en plus. Enfin un soir, après le
départ des ouvriers, un nommé Bellery, probablement de
connivence avec les ennemis de l'entreprise, laissa choir
au fond du bateau du marquis d'Auxiron, le contrepoids
de 130 livres fixé au balancier de la machine à vapeur. La
chûte de cette masse produisit une énorme voie d'eau, et

dans la nuit le bateau sombra en pleine rivière. Pour stigmatiser l'acte de Bellery on ne trouve d'autre mot que celui adressé au bourreau par Jean Hus sur le bûcher : — Pauvre homme !

Le bateau d'Auxiron et celui que le marquis de Jouffroy expérimenta pour la première fois sur la Saône en 1783, et qui ensuite (mais en vain) continua de naviguer sur cette rivière pendant seize mois, employaient les roues à aubes ou à palettes. L'embarcation de l'américain Iohn Fitch, qui accomplit en 1790, en trois heures et un quart, le trajet de Philadelphie à Barlington, recevait la propulsion d'un système de rames mues par la vapeur. Fitch, repoussé en France comme en Amérique, ruiné et désespéré se donna la mort en se précipitant dans les eaux de la Delaware.

Disons en passant que les roues à aubes ou à palettes, sorte de rames tournantes, était en usage chez les Romains. Vitruve n'en connaissait pas l'inventeur. Les roues à aubes, mieux que les rames, permettaient une bonne utilisation de la force motrice. Les descendants de Romulus employèrent, dit-on, les roues à rames 264 ans avant notre ère. Pour de petites embarcations, des esclaves mettaient ces roues en mouvement. Sur des radeaux de grandes dimensions ces mêmes roues étaient mues par un manège actionné par des bœufs, procédé à coup sûr peu pratique en cas de gros temps. Du reste l'homme se trouvait être ainsi l'esclave d'une machine, et l'absence de cette énergie presque illimitée, la Vapeur, de cette force souple et infatigable, se faisait durement sentir, comme dirait M. Prudhomme.

Enfin l'américain Fulton, reprenant l'œuvre de ses devanciers (dont les efforts eurent le martyre pour salaire), naviguait le 9 août 1803 sur la Seine et remontait le courant de ce fleuve à la vitesse d'une lieue et demie à l'heure. — Entre parenthèse, disons que Fulton manifesta dans sa jeunesse de remarquables dispositions pour la peinture et le dessin : son pinceau de peintre-miniaturiste le faisait vivre dès l'âge de dix-sept ans. — La vérité est donc intimement unie à ce paradoxe que nous énoncions dans notre opuscule *Quelques mots sur l'Électricité* : Les plus belles découvertes scientifiques sont dues à des artistes ou à des amateurs.

propulsion

Le bateau de Fulton recevait la propulsion de deux roues à aubes actionnées par une machine à vapeur dénommée alors pompe à feu. Par une étrange fatalité, la haine bestiale qui fit avorter, comme nous l'avons vu, l'œuvre de Papin et de Joseph d'Auxiron, vint s'acharner également sur l'inventeur américain. C'est ce qui ressort d'un document peu connu transcrit par M. Louis Figuier, dans *Les merveilles de la Science*. Nous demandons au lecteur la permission de lui soumettre un abrégé de cette pièce éloquente dans sa simplicité :

« Le 22 thermidor, on a fait l'épreuve d'une invention nouvelle, dont le succès complet et brillant aura les suites les plus utiles pour le commerce et la navigation intérieure de la France. Depuis deux ou trois mois on voyait au pied du quai de la pompe à feu, un bateau d'une apparence bizarre, puisqu'il était armé de deux grandes roues posées sur un essieu comme pour un charriot, et que derrière ces roues était une espèce de poêle, avec un tuyau, que l'on disait être une petite pompe à feu destinée à mouvoir les roues et le bateau. *Des malveillants avaient, il y a quelques semaines, fait couler bas cette construction. L'auteur, ayant réparé le dommage*, obtint la plus flatteuse récompense de ses soins et de son talent.

« A six heures du soir, aidé seulement de trois personnes, il mit en mouvement son bateau et deux autres attachés derrière, et pendant une heure et demie, il procura aux curieux le spectacle étrange d'un bateau mû par des roues comme un charriot, ces roues armées de volants ou rames plates, mues elles-mêmes par une pompe à feu.

« En le suivant le long du quai, sa vitesse contre le courant de la Seine nous parut égale à celle d'un piéton pressé, c'est-à-dire de 2.400 toises par heure. . . . .

Après cette épreuve décisive, l'inventeur, désirant faire hommage à la France de sa découverte, demanda l'appui de Bonaparte alors premier consul. Bonaparte rejeta brutalement cette requête et traita l'inventeur de charlatan. En agissant ainsi l'ex-capitaine d'artillerie Bonaparte faisait preuve de ce flair d'artilleur qui repoussa le fusil à pierre sous Louis XIII ; le canon suédois sous Louis XIV ; le fusil à piston en 1819 ; le fusil et le canon se chargeant par la culasse, etc., etc. Puis Napoléon à cette époque ne devait se préoccuper que médiocrèment des progrès de la science et de l'industrie. Il poursuivait en effet la réalisation d'un néfaste rêve : escamoter la république à son profit et civiliser l'Europe à coups de sabre ! — Cette belle conception, en sacrifiant trois millions d'êtres humains, eut pour résultante Sainte-Hélène.

Il est juste de dire que l'Angleterre ne fut pas plus que la France favorable aux projets de Fulton. Du reste, la Grande Bretagne ne se montra pas bienveillante non plus à l'égard d'un de ses enfants ; elle laissa tomber dans l'oubli la découverte de William Symington qui en 1802, parcourut avec son pyroscaphe sur le canal de Forth et Clyde une étape de 20 milles en six heures. Et cependant le bateau de Symington avait remorqué pendant ce laps de temps deux embarcations du poids de 70 tonnes chacune, malgré un fort vent debout.

Enfin, même en Amérique sa patrie, Fulton, lorsqu'il entreprit la construction du bateau à vapeur qu'il destinait à desservir New-York et Albany, vit baptiser son œuvre *Folie-Fulton*, et ce fut au milieu des huées et des plaisanteries grossières de la foule que l'inventeur mit son bateau en marche le 10 août 1807. Les cris de dérision se changèrent il est vrai, en applaudissements lorsqu'on vit le bateau à vapeur fendre victorieusement les flots ; mais ce qui est également conforme à la vérité, c'est qu'il ne se présenta aucun passager, quand Fulton porta à la connaissance du public que son bateau franchirait régulièrement la distance de New-York à Albany, deux villes situées à 240 kilomètres l'une de l'autre. ! La coterie bien pensante qui a pour principe de hurler avec les loups, bêler avec les moutons et étouffer dans l'œuf toute pensée, jouit aussi de l'aptitude toute spéciale de repousser le fait palpable et d'embrasser avec feu une chimère, si absurde soit-elle.

Fulton partit donc seul sur son bateau à vapeur où se trouvaient réalisées la plupart des dispositions mécaniques mises en usage plus tard pour les machines à vapeur destinées à la navigation fluviale et maritime. A son retour l'inventeur américain trouva pourtant un passager, un seul. — C'était un français, nommé Andrieux.

En 1815 en surveillant malgré le froid la construction

d'une frégate à vapeur, Fulton fut atteint d'une pneumo-
nie qui l'enleva, âgé seulement de cinquante ans. Cet
homme de génie n'eut de son vivant qu'un peu de gloire
pour salaire. Comme la plupart des bienfaiteurs de l'humanité, il mourut les mains vides.

Les annales scientifiques nous montrent aussi M. de
Jouffroy succombant ignoré, à l'âge de quatre-vingts ans,
aux atteintes du choléra de 1732. Il ne légua, dit l'histoire,
que son nom à ses héritiers. C'est une erreur. — Le marquis de Jouffroy laissait une fille immortelle : la navigation
à vapeur . . . .

Comme on l'a vu précédemment, les organes de propulsion des bateaux à vapeur consistaient surtout en des
rames plates, mues par la machine. Cette disposition, ex-
cellente sur les fleuves, était très défectueuse sur mer en
cas de gros temps. En effet, par suite du roulis, une roue
seule se trouvait immergée, ce qui gaspillait de la force
motrice et tendait à disloquer la machine par suite de
l'emballement du moteur provenant d'une diminution su-
bite de résistance. C'est alors que l'imagination des inventeurs se porta sur l'hélice ou vis d'Archimède. Dès 1768,
l'ingénieur français Paucton proposait de remplacer les
rames par l'hélice ; puis vint en 1803 le bateau à hélice du
mécanicien français Dallery, qui devait voir toute sa fortune dévorée inutilement par son invention ; et l'autrichien
Ressel, en 1829, dont le destin fut pareil ; et le français
Frédéric Sauvage en 1843, dont la fin fut lamentable. Enfin en 1847 le navire anglais *Le Buttler* évoluait dans le
port de Boulogne. Ce bateau à hélice, du système Smith et
Rennie, différait fort peu de celui de Frédéric Sauvage.
Ce dernier, en prison pour dettes, assistait de la fenêtre de
sa cellule au triomphe de ses idées !

— Il faut convenir que ce que nous nommons justice
n'est bien souvent que la résultante de tous les genres
d'iniquité.

Le premier bateau à vapeur qui tenta (et avec plein
succès) la traversée de la Manche et qui vint en 1816 de
Londres à Paris, fut l'*Elise*, capitaine Andriel. La tempête
assaillit l'Elise, qui eut à lutter aussi contre ce fonds de
bestialité qui sommeille encore dans certaines cervelles
humaines: un capitaine d'un bâtiment anglais dirigea

toutes ses bordées sur l'Elise dans le but de la couler. Il espérait sans nul doute démontrer ainsi péremptoirement que la navigation à vapeur était une utopie irréalisable.

Enfin en 1838, malgré les critiques des hommes de mer, malgré les assertions des hommes compétents dont l'un d'eux, le professeur Lardner, affirmait que tenter de de traverser l'Atlantique avec des bateaux à vapeur équivalait à « vouloir aller dans la lune », le Sirius partait de Cork, en Irlande, et le Great-Western de Bristol. Tous deux, dix-sept jours après, mouillaient dans le port de New-York.

Aujourd'hui, grâce aux perfectionnements apportés aux moteurs à vapeur, on parvient à atteindre presque la vitesse d'un train de chemin de fer : en 1899, le contre-torpilleur anglais *Viper* filait 37 nœuds à l'heure, c'est-à-dire plus de 68 kilomètres. — Les navires *rouleurs* Bazin rivaliseraient, dit-on, avec nos express ; mais avant de se prononcer pour l'affirmative, il faut attendre la sanction de la pratique. Quant à la vitesse atteinte par le *Viper*, il est bon d'ajouter qu'il la doit aux turbines à vapeur qui actionnent ses hélices.

En France, la première idée de navigation transatlantique à vapeur germa en 1840, mais en vain. Elle fut reprise en 1847, inutilement ; puis en 1856, et n'aboutit qu'en avril 1862, époque où la *Louisiane*, paquebot à vapeur de 500 chevaux, franchit en treize jours pour aller et quatorze pour revenir, la distance qui sépare Saint-Nazaire de Fort-de-France.

Comme on le voit, les plus belles récoltes scientifiques ont germé sur le sol français, et c'est la France qui arrive toujours la dernière au jour de la moisson.

Les chemins de fer et les bateaux à vapeur rendent impossibles les famines périodiques, car ils permettent en quelques heures le transport d'approvisionnements qui auraient exigé jadis des mois et des années. « La liberté des mers fera le bonheur du monde », a dit Fulton. Le pyroscaphe est le complément de la locomotive et il est impossible d'assigner des bornes à ce champ immense que Papin, Volta et Stephenson ont livré à l'activité humaine, car si l'intelligence de l'homme a ses limites, la Science n'en a pas.

LIVRE II

ÉCLAIRAGE ET CHAUFFAGE — LE GAZ
LES MOTEURS A GAZ

I

L'électricité atmosphérique, la lumière, la chaleur, en un mot toutes les transformations incandescentes de l'énergie éparse au sein de la Nature, frappèrent l'homme de terreur à son apparition sur le globe ; et c'est pour cela que le hiérophante, dès l'origine des sociétés barbares, s'empressa d'accaparer et de diviniser cet auxiliaire, le feu. De tout temps la peur et l'ignorance se chargèrent de tisser la pourpre théocratique ; et toutes les bibles possèdent un reflet de cet épouvantail, la flamme, qui vint pour ainsi dire lécher d'elle-même les arcanes sacerdotaux et permettre au prêtre d'accroître son magnétisme grossier.

Chez les Hindous, ces premiers éducateurs de l'humanité, Siva, la troisième personne de la Trimourti (trinité), le dieu qui crée ou plutôt renouvelle tout à l'aide de la grande transformatrice, la mort, Siva est représenté très souvent sur un tigre énorme vomissant le *feu*. Les Védas compilés quinze siècles avant notre ère par le sage Vyasa, ont un *oupanichad* (oraison) ainsi conçu : « O Agni, *dieu du feu !* conduis-nous par le droit chemin à la récompense de nos œuvres ; ô dieu ! tu connais toutes nos actions, efface nos péchés ; nous t'offrons le plus haut tribut de nos louanges, notre dernière salutation ! » — Cette invocation à la lumière se récitait à l'heure où l'œil du croyant allait s'éteindre dans la mort. Puis sur cette même terre de l'Inde nous voyons encore ce phénomène physique, la flamme célébrée par les poètes, les premiers flambeaux et les annalistes des peuples. Ces rapsodes védiques, dont la lyre enchanteresse s'efforçait de faire contrepoids au glaive théocratique, constellaient de métaphores brillantes, inspirées par le phénomène de la combustion, le ciel si sombre des humains : « De quelque côté, dit l'un d'eux, que l'on incline la torche, la flamme se redresse et monte vers le ciel ! » — Nous voyons en Egypte Pta, c'est-à-dire le feu créateur et vivificateur. Chez les Perses, les sectateurs de Zoroastre les Parsis sont adorateurs du feu ; Moïse met à contribution les éclairs du Sinaï et joue du *Buisson ardent*; les Grecs ont Héphaestos, dieu du feu et des volcans ; et Rome a Vulcain et Vesta.

Comme on le voit, le feu, auxiliaire complaisant, terrible, puissant, fut largement mis à contribution par la théocratie, et l'on conçoit la haine féroce du prêtre contre le premier inventeur, le Prométhée quelconque enseignant aux hommes primitifs l'art de faire du feu. Certes, instruire peu à peu l'humanité au berceau, lui apprendre insensiblement à atteler à son char les forces de la nature eut été une noble et sainte tâche. La théocratie a trouvé plus facile et surtout plus lucratif d'exploiter dès l'origine l'ignorance et la crédulité et de terroriser par la cruauté des supplices. Sur cette double base elle assit une tyrannie poussée jusqu'au paroxysme. . . . .

Pendant longtemps l'homme ne s'est procuré de la lumière et de la chaleur qu'en entretenant avec le plus grand soin un foyer allumé à la lave incandescente d'un cratère en éruption. Et il a fallu jadis bien des siècles pour mettre au jour des procédés dont une habitude plusieurs fois séculaire nous voile aujourd'hui l'extrême ingéniosité. Ainsi l'observateur intelligent qui s'aperçut qu'une roue en bois non graissée, tournant sur un essieu de même matière prenait feu, fut évidemment l'inventeur du premier briquet à frottement dont quelques insulaires des îles de l'Océanie font encore usage. Entre parenthèse disons qu'il y a trente ans, dans les montagnes de l'Allier et de l'Auvergne, les chars à roues et essieux en bois étaient assez fréquents. En Portugal les paysans connaissent encore ce véhicule assurément primitif. Pour peu que la vitesse soit grande, on conçoit que l'essieu d'un tel véhicule ne saurait tarder de prendre feu dès que le lubrifiant vient à manquer. Le choc accidentel du fer contre le fer ou contre un caillou et l'étincelle qui en résulta firent naître dans l'esprit de l'observateur subtil, talonné par la nécessité naturellement, de mettre à profit ce phénomène.

De temps immémorial, on connut aussi l'usage du miroir ardent et de la lentille de verre. Les prêtres du soleil, chez les Incas, allumaient par ce procédé le feu sur l'autel. Trois siècles avant Archimède, c'est-à-dire cinq cents ans avant notre ère, Aristophane, dans sa comédie *Les Nuées* fait ainsi dialoguer deux de ses personnages :

— As-tu vu chez les marchands de drogues une pierre belle et diaphane avec laquelle on allume le feu ?

— Tu veux parler d'une lentille de cristal.

— Si j'allais avec cette pierre me placer du côté du soleil, loin du greffier, pendant qu'il écrirait l'arrêt, je ferais fondre toute la cire sur laquelle seraient tracées les lettres....

Toutes ces découvertes divinisées et accaparées aussitôt par la théocratie restaient alors stériles pour l'humanité et souvent même contribuaient à son asservissement.

. . . .

Des branches d'arbres résineux constituèrent les premières sources lumineuses. Puis vint la torche enduite de résine, de goudron ou de bitume. Enfin, lorsqu'on eut constaté le phénomène de la capillarité, la lampe à huile avec mèche en matière textile prit naissance. Cette lampe fumeuse, comme toutes les sources de lumière à combustion incomplète, dégageait beaucoup d'oxyde de carbone, gaz éminemment toxique. Ce flambeau à lueur rougeâtre passait pourtant pour une source merveilleuse de lumière. C'est encore dans une des pièces du poète comique Aristophane que nous *entrouvons* la preuve : « O ma lampe, s'écrie une de ses héroïnes, ta mèche imite l'éclat du soleil ! » — C'est à la fille du gardien d'un temple grec que l'on doit, dit-on, l'invention de la mèche d'amiante, qui fut, du reste, peu en usage alors.

Le Moyen-Age, comme nous l'avons vu à propos des grandes voies de communications, se borna en matière de chauffage et d'éclairage, à copier l'antiquité romaine. Toutefois l'*hypocaustum* et les *hypocaustae diaetae* restèrent l'apanage des latitudes chantées par Pindare, Anacréon, Properce et Tibulle. Le *focus* d'Horace, les *focula* d'une Lesbie ou d'une Cynthie seraient en effet, tout à fait insuffisants dans les durs pays du Nord. Et si le *focone* italien et le brasero espagnol contentent des populations à qui le soleil prodigue chaque jour lumière et chaleur, les froides brumes de l'Europe septentrionale réclament en revanche des foyers plus intenses. La grande cheminée centrale placée au milieu de la hutte gauloise et dans laquelle brûlaient des arbres entiers et d'énormes troncs chauffaient tant bien que mal la famille groupée autour de cet âtre primitif. La cheminée monumentale du castel *moyenageux*, foyer mural assez vaste pour rôtir un bœuf, avait comme sa gauloise et préhistorique devancière l'inconvénient de brûler beaucoup de combustible, de chauffer fort peu les appartements et d'y refouler les gaz méphitiques produits par la combustion, pour peu qu'une cause atmosphérique quelconque vint contrarier le tirage.

En matière d'éclairage, à l'époque glorifiée par les gens bien pensants qui considèrent comme un devoir de hurler avec les loups, bêler avec les moutons et braire avec les ânes, on ne connut d'autre source de lumière que la lampe romaine, la torche, le flambeau de cire et la chandelle de suif. Toutefois le flambeau de cire resta l'apanage de la noblesse et Philippe IV le Bel, défendit aux roturiers de faire usage de chandelles de cire. — Ce monarque était à coup sûr bien loin de se douter que le peuple s'arrogerait un jour le droit de fondre.... les sires.

Les bouchers préparaient eux-mêmes, depuis l'an 1016, le suif dont ils fabriquaient les chandelles. En 1470, une corporation de *chandeliers* s'établit et fut régularisée en France. Disons de suite que l'éclairage au moyen du suif se généralisa dans le Nord de l'Europe, tandis que dans le midi le bas prix de l'huile rendait universel l'usage de la lampe romaine.

Et jusqu'à la lampe d'Argan, c'est-à-dire jusqu'en 1870, ce furent les seules lueurs tremblantes et rougeâtres se traînant anémiées dans la brume épaisse et sanglantes du Moyen-Age. La fumeuse et puante chandelle caractérisait bien la sombre époque où moines et prêtres paralysaient l'intelligence à l'aide de leurs puérilités et insanités métaphysiques, et glaçaient le génie par l'atrocité des supplices. Ce Moyen-Age qui ne s'est pas éteint en 1453 comme on l'enseigne communément, mais dont l'agonie date seulement de 1789, offrait à tout venant et partout des croix et des gibets, des chapelles et des fourches patibulaires, des églises dont l'encens ne parvenait pas à masquer l'odeur de sang de la cave pénale, des miasmes de l'in-pace et des charniers humains. Le bruit insipide et monotone des plates antiennes n'étouffait pas les plaintes, les hurlements et les râles de l'être humain dont le bourreau tordait, écrasait et brûlait les membres. Le prêtre et le juge qui présidaient à ces horreurs étaient catholiques. L'estrapade la plus douloureuse, qui consistait à déboîter les épaules, se pratiquait surtout à Avignon, dans les états du pape. Puis, comme corrollaire à la chambre de torture, aux tueries en grand et aux crémations vivantes, l'instruction théocratique versant à flots l'ignorance et l'absurde : un Jehovah dont l'omnipotente bonté laisse subsister le mal moral et le mal physique, et dont la prescience est à ce point en défaut qu'il se repentira un jour d'avoir créé l'homme. De plus sa justice fait périr le juste avec le pervers, et son ardeur belliqueuse lui fait massacrer dans les champs de carnage la vertu par le vice triomphant.... Enfin une olla podrida des légendes hindoues et des métamorphoses d'Ovide : Un éternel qui laisse absorber au premier couple humain une pomme pour avoir l'agrément de faire supplicier plus tard son fils unique ; un Josué qui arrête le soleil comme un balancier d'horloge ; un Jonas qui voyage en yacht dans l'estomac d'une baleine ; des vierges qui enfantent et des morts qui ressuscitent ; un fils de Jéhovah, tantôt homme, tantôt dieu, qui se fait enlever par le diable et se laisse tenter par lui, meurt et ressuscite, paraît et disparaît, descend de l'empyrée et y remonte en deux temps et trois mouvements !....

Au lieu de s'inspirer uniquement des enseignements hautement moralisateurs du révolutionnaire Jésus, la théocratie catholique s'acharna à mutiler, masquer et dénaturer l'œuvre de ce novateur, dans le seul but d'avoir sous ses pieds rois et peuples et de rétablir à son profit l'antique servitude.

Et ce passé honteux et sanglant n'est peut-être pas aussi mort qu'on pourrait le croire. Le dominicain Ollivier, dans un sermon que Thomas de Torquemada n'eut pas désavoué, ne nous disait-il pas que : — Dieu choisit ses victimes parmi les plus méritoires ! Et comme, lors de l'incendie du Bazar de la Charité, cause de l'homélie de ce dominicain, les prêtres quittèrent ce local aussitôt après la bénédiction du nonce, il s'ensuit que ce nonce et ces ecclésiastiques n'étaient pas du tout « méritoires »,

puisqu'ils échappèrent presque tous'à cette .horrible cré-
mation vivante. — Et quelques jours après cet affreux si-
nistre, les pieuses gazettes (genre *La Croix* et *Le Pèlerin*)
s'écriaient : « L'influence bienfaisante de la catastrophe (!)
se fait déjà sentir, notre *tirage* augmente beaucoup... » —
Il y a quelques années, le père Roothathaan, général des *Roothaan*
jésuites, prononçait à la conférence de Chieri les paroles
suivantes. «.. Vraiment, notre siècle est étrangement déli-
cat. S'imagine-t-il donc que la cendre des bûchers soit to-
talement éteinte ? qu'il n'en soit pas resté le plus petit tison
pour allumer une seule torche ? Les insensés ! en nous
appelant *jésuites*, ils croient nous couvrir d'opprobre !

Mais ces jésuites leur réservent la censure, un bail-
lon et du feu.... Et un jour ils seront les maîtres de leurs
maîtres. » Pour nous ramener à la douce époque des pontifes divins présidant aux divines tueries, des rois de droit
divin esclaves des susdits pontifes, pour restaurer en un
mot le culte de la souffrance et de la mort, les jésuites
trouvent de puissants auxilliaires dans leurs élèves fana-
tisés, hypnotisés au point de s'interdire toute une vie
la liberté de penser. Les yeux mi-clos, l'allure triste et le
visageplus triste encore,l'organe de la pensée mutilé et atro-
phié, aptes seulement à l'obéissance servile, ils jouent avec
zèle et inconscience la comédie ou le drame que leurs
maîtres leur imposent. Du reste, quel bienfait l'humanité
peut-elle attendre de gens dont la conduite s'inspire en
toute circonstance de ce double sophisme : La fin justifie les moyens, et l'on peut corriger le mal de l'acte avec
la pureté de l'intention !

Si nous voulons rendre impossible le retour des temps
où la torche de l'Inquisition sainte (!) empourprait tous
les jours de lueurs sanglantes l'horizon humain, alors si
étroit et si sombre ; si nous sommes fermement décidés à
ne plus jouer les rôles d'esclaves, de pantins et de bouffons
aux mains des ministres de la foi catholique, dont l'infail-
libilité nous prophétisait la fin du monde pour l'An Mille,
persécutait quiconque osait parler de l'existence de l'Amérique, de la circulation du sang, de la rotation de la terre;
si nous désirons ardemment laisser à la sombre nuit du
passé l'époque riante où l'on brûlait Dolet à Paris (1546)
et Vanini à Toulouse (1619), coupables tous deux d'avoir

pensé trop haut, où le protestant Calas mourait sur la
roue (1762) pour un crime qu'il n'avait pas commis, où
l'homme de génie était le jouet et la chose de dogmatistes
qui, pendant et après quinze siècles, n'ont jamais pu donner même l'ombre de l'ombre d'une preuve à leurs assertions appuyées de tranchante et brûlante manière ; si
nous jugeons par dessus tout salutaire d'allonger par la
science notre existence tout en nous en allégeant le poids,
hâtons-nous de faire usage de deux armes trempées d'infail-
libilité. Ces armes sont d'une part, la diffusion universelle
de l'enseignement historique et scientifique ; de l'autre,
l'opposition constante à nos adversaires de l'indifférence
et du rire.

La poussée du progrès est irrésistible. Avant 1789,
dans les quelques rares collèges d'alors, les jésuites
avaient seuls le monopole de l'instruction ; ce qui n'em-
pêcha pas la grande Révolution d'éclater.

LE GAZ.

II.

La flamme n'étant pas autre chose que la combustion
des différents gaz réunis dans les matières en ignition, on
peut jusqu'à un certain point prétendre que la lampe à
huile aussi bien que le foyer préhistorique dû aux sub-
stances végétales en combustion constituaient de rudimentaires appareils de chauffage et d'éclairage à coup sûr
très imparfaits.

Cependant en matière d'éclairage, l'invention du ge-
nevois Argand (1780) fut un perfectionnement considérable. Sa lampe basée sur les principes de la combustion
découverts par Lavoisier (1774), consistait surtout en un
bec à double courant d'air et en une petite cheminée de
verre activant le tirage. De la sorte l'oxygène se précipitant sur la flamme l'avivait pour ainsi dire et empêchait
la fumée. Quinquet lui vola sa découverte.

Citons encore les lampes à huile de Proust, de Phi-
lips, de Bordier-Marcet, de Carcel, etc. Cette dernière
lampe (dont la flamme a servi jusqu'ici d'étalon en France

pour mesurer le pouvoir éclairant du gaz et de l'arc voltaïque), se composait d'un porte-verre mobile sur le bec et d'un mouvement d'horlogerie actionnant les pistons d'une pompe foulante destinée à provoquer l'ascension de l'huile. Cette lampe a joui jusqu'à notre époque d'une faveur méritée.

Pour ce qui est du chauffage la cheminée du *bon vieux temps* ne donnait que 3 à 4 o/o du calorique développé par la combustion du bois. La cheminée, qui est du reste une invention du Moyen-Age, se composait — au XIIe siècle par exemple — d'une niche prise dans l'épaisseur du mur, arrêtée par deux pieds-droits, et surmontée d'une *hotte*, où s'engouffrait la fumée.

Dans la cheminée moderne, même perfectionnée par Rumford, Lhomond (à qui l'on doit le tablier mobile), Bronzac, Galton, Péclet, etc., on ne parvient pas à utiliser plus de 18 0/0 du calorique fourni par le combustible. En effet, la presque totalité de la chaleur s'enfuit par la cheminée à la suite des gaz délétères que les intempéries refoulent plus ou moins dans la pièce, et Franklin a dit avec raison: «La cheminée est le meilleur moyen de se chauffer le moins possible, en brûlant la plus grande quantité possible de bois. »

Les poêles donnent plus de chaleur il est vrai, mais on ne peut éviter la dissémination de l'oxyde de carbonne dans l'air de l'appartement, qui devient ainsi peu respirable, surtout avec les poêles à combustion lente, fertiles en accidents mortels. Les calorifères à vapeur et à eau chaude sont assurément hygiéniques, (ce qui n'est point le cas malheureusement des calorifères à air chaud ou calorifères de cave), mais la dépense d'installation est assez élevée et la canalisation très encombrante.

Malgré tous ses défauts, il est au-dessus de toutes contestations que le gaz hydrogène bicarboné, tant au point de vue de l'intensité lumineuse que de l'économie, écrasa triomphalement pendant près d'un demi siècle l'antique mode d'éclairage et de chauffage. Le Bon Vieux Temps, en pareille matière, faisait cependant parfois grandement les choses. C'est ainsi que pendant la Peste Noire qui désola l'Europe en 1340, on brûla en un jour douze mille juifs à Mayence. Admirables procédés de grandieuse lumière et d'intense calorique, monopole des siècles de foi. Notre époque scientifique ignore ces splendeurs et l'on conçoit que les élèves des jésuites crient à la décadence.

Depuis longtemps les alchimistes avaient observé que la combustion s'accompagne de certains fluides aériformes dont l'inflammation produit lumière et chaleur. Mais ces ancêtres de nos chimistes, lutteurs infatigables bien que sans appui, ne songèrent jamais à tirer parti de ce phénomène, et ce n'est qu'en 1791 que le français Philippe Lebon, ingénieur des Ponts et Chaussées, inventa à Brachay le premier appareil à produire le gaz d'éclairage par distillation du bois. A la vérité son invention ne fut brevetée qu'en 1799 sous le nom de Thermolampe. — Lebon périt assassiné en 1804. Lebon échoua dans toutes ses tentatives pour doter son pays de sa merveilleuse découverte, tandis que l'anglais Murdoch ayant eu connaissance des résultats obtenus à Paris par l'inventeur français, introduisait en 1803, l'éclairage au gaz dans l'usine de Soho. En France, ce ne fut qu'en 1819 que quatre lanternes à gaz mirent en relief l'éclat piteux et rougeâtre des réverbères à l'huile.

Puis vinrent les lampes aux hydrocarbures liquides : schiste, gazogène Robert (dangereux mélange d'alcool et d'essence de térébenthine), pétrole, lampe Mille à essence de pétrole, etc. Le pouvoir éclairant de ces hydrocarbures liquides est supérieur à celui de l'huile ; ils sont aussi d'un maniement plus commode que l'huile, tout en offrant, il faut le dire, beaucoup moins de sécurité. Cependant le pétrole, comme nous le verrons plus loin, devient de plus en plus le rival de la houille ; bien qu'il soit au dessus de toutes contestations que depuis 1855, c'est-à-dire depuis près d'un demi-siècle, l'éclairage, le chauffage et la force motrice dûs au gaz hydrogène bicarboné aient favorisé dans d'énormes proportions la création et le développement d'une foule d'industries. De plus, il est également hors de doute que le gaz laissa bien loin derrière lui l'antique mode d'éclairage et de chauffage. C'est ainsi que la lumière fournie par les bougies stéariques coûte douze fois plus cher que le gaz, lequel présente aussi une économie de plus de moitié sur la lampe à huile. Quant au chauffage, on estime à un mètre cube (prix moyen 20 centimes) le volume de gaz qu'il faut brûler dans une cheminée à gaz pour élever en une heure à —|— 15° la température d'une pièce bien close, de la capacité de 100 mètres cubes, la température du dehors étant seulement de - 4°. Mais les résultats obtenus sont supérieurs encore quand on fait usage du poêle à gaz, c'est-à dire lorsqu'il n'y a pas évacuation à l'extérieur des produits de la combustion. Malheureusement alors ce système est très nuisible à la santé, vu la quantité d'acide carbonique et d'oxyde de carbone, qui s'accumule peu à peu dans le local ; et c'est même pcur une raison identique que l'atmosphère d'une salle quelconque devient malsaine lorsqu'on y maintient allumés beaucoup de becs de gaz, ou de flambeaux empruntant leur combustion à la présence de l'oxygène de l'air.

Pour ce qui est de l'intensité lumineuse de l'hydrogène carboné, elle ne laisse rien à désirer depuis les découvertes de l'anglais Drummond (1891) et du chimiste italien Carlevaris, qui tous deux brûlaient l'hydrogène carboné à l'aide d'un courant d'oxygène, tout en interposant au milieu de la flamme un fragment de chaux ou de magnésie. Puis MM. Tessié du Motay et Maréchal firent en 1869 dans la cour du Palais des Tuileries, avec des brûleurs oxy-hydriques, des expériences absolument concluantes. De nos jours, du reste, les becs Auer, les brûleurs Denayrouse et l'acétyiène donnent toute satisfaction *s'il s'agit seulement de l'intensité lumineuse, car au point de vue de la sécurité et de l'hygiène, c'est tout autre chose.* L'éclairage dû à un gaz quelconque n'est inoffensif qu'en plein air ; dans les habitations c'est vouloir introduire des chances multiples d'explosion, d'incendie et d'intoxication lente ou rapide. Les hydrocarbures liquides, déjà cités, ont été et sont toujours la cause de nombre d'accidents mortels en raison de leur extrême inflammabilité et de leur facilité à faire explosion. Leur combustion s'accompagne aussi de gaz toxiques. L'hydrogène carboné mélangé à cinq volumes d'air peut, sous l'influence de la moindre étincelle, détoner et amener l'embrasement d'un édifice.

Le pouvoir explosif de l'acétylène est 4 fois supérieur à celui du gaz de houille et les chances d'incendie se trou-

vent accrues avec ce dernier gaz en raison de la grande
quantité de chaleur qu'il dégage. En outre, ces deux gaz
étant irrespirables, la moindre négligence, le plus léger
oubli, la plus petite issue, un robinet mal fermé ou à fer-
meture défectueuse peuvent causer la mort en laissant ces
gaz délétères se répandre, par exemple, dans l'atmosphère d'une chambre à coucher.

L'exposé suivant, emprunté au docteur Hammont,
montre d'une éloquente façon combien malsaines pour la
santé ont été jusqu'à nos jours les diverses sources d'éclairage empruntant leur combustion à l'oxygène de l'air.

Intensité lumineuse — 12 bougies — temps, 1 heure.

	Gaz irrespirable	Air vicié
Gaz de houille	56 lit.	450 lit.
Huile	94	675
Pétrole	121	931
Essence minérale	130	940
Bougie	175	1240
Chandelle	245	1650
Lampe électrique d'Incand .	0	0

Seule, comme on le voit, la lumière électrique d'incandescence ne consomme pas d'oxygène. *Seule*, elle ne
produit aucun gaz. *Seule*, elle ne dérobe rien de ce qui est
indispensable à la vie, et ne donnant aucun principe nuisible, elle constitue donc l'éclairage hygiénique par excellence. Du reste, au livre III, nous nous efforcerons de
mettre en relief les innombrables bienfaits de la déesse
Electricité, qui vient à peine de naître, et l'on verra que
l'hygiène et la conservation de l'existence humaine sont
également l'objet de la sollicitude de cette fée maternelle,
qu'il s'agisse de la lumière, de la chaleur, de la force motrice ou de tout autre manifestation de l'énergie.

LES MOTEURS A GAZ

—

III

La découverte de Lebon permettait à l'humanité de
gravir un échelon de plus de l'âpre échelle du progrès.
Cette épithète nous semble justifiée par le mot de Para-

celse : La nature ne livre jamais ses secrets qu'à regret, sans franchise naturelle.

L'hydrogène carboné issu des appareils de Lebon introduisait au foyer domestique le bien être sous la forme lumière, chaleur et force motrice. Il est vrai d'ajouter que la moindre négligence pouvait devenir une source d'accidents mortels. — Pas de nectar qui ne puisse laisser une goutte de lie.

Néanmoins, lorsqu'il s'agissait de transmettre au loin et instantanément sa pensée, l'homme redevenait soldat de plomb. En effet, ni la vapeur, ni le gaz, ni l'air comprimé ne pouvaient réaliser ce prodige : la transmission immédiate du verbe humain d'un bout du monde à l'autre ! Seule la foudre apprivoisée, domestiquée par l'italien Volta allait fournir des ailes à la pensée et rendre réalisable, entre mille, le tour de force accompli en 1896 sous les yeux d'Edison : une dépêche de 30 mots, partie des locaux de l'Exposition d'électricité de New-York, en 1896, y est revenue en 50 minutes après avoir fait le tour du monde !

Cependant, bien que vaincu par l'électricité, le gaz, surtout à l'état liquide (pétrole, essence de pétrole, benzine, alcool) devient dans beaucoup de cas l'auxiliaire non négligeable de l'omnipotence déesse, car il favorise dans une très respectable mesure la production de l'électricité par l'intermédiaire de cette merveilleuse machine qui a nom dynamo. . . . .

Les premiers moteurs à gaz furent les rudimentaires et grossiers appareils de l'abbé de Hautefeuille, du savant hollandais Huygens et de Papin (1678-1688). — Ces moteurs, à coup sûr peu pratiques, mais qui contenaient en germe une idée géniale, utilisaient la force brutale et peu maniable de la poudre à canon. Les gaz produits par la déflagration de la poudre dans un corps de pompe agissaient sur la surface d'un piston, s'échappaient en produisant un vide approximatif mais qui néanmoins avait pour résultante de ramener, grâce à la pression atmosphérique, le piston au bas de sa course.

Le mélange ternaire de soufre, salpêtre et charbon — que le Trône et l'Autel ne savaient employer qu'au massacre de l'espèce humaine — constituait à peu près la seule source de gaz connue en Europe depuis quatre siècles.

Les difficultés de l'inflammation, qui ne s'obtenait qu'à l'aide d'un morceau d'amadou ou de mèche introduit à la main dans la chambre à poudre, et de plus l'insuffisance, l'absence même de moyens mécaniques pour rendre automatique l'allumage découragèrent les chercheurs. Du reste, disons-le de suite, dans l'esprit des trois inventeurs dont nous avons parlé, la déflagration de la poudre avait principalement pour objet de faire le vide dans le cylindre. Ce n'était donc à tout prendre qu'une machine atmosphérique de faible puissance, car le vide, comme nous l'avons dit plus haut, n'était que partiel. L'imagination géniale de Papin, se tourna alors, comme nous l'avons vu précédemment, vers la force plus docile de la vapeur d'eau.

Quoi que l'on puisse dire, il n'en est pas moins avéré et prouvé que la science à peine à son aurore songeait déjà à forcer l'énorme puissance de la poudre, à venir en aide à la faible humanité, tandis que la théocratie catholique, pour ne citer qu'un seul exemple, l'utilisa, lors des massacres de Merendol et de Cabrières, à éparpiller dans les airs les corps des Vaudois! . . . .

Comme dans la nature tout se transforme et parcourt le même cycle, sans fin et sans lassitude, il s'ensuit que toute vieille idée peut se trouver rajeunie et renaître tôt ou tard de ses cendres. C'est ainsi que de nos jours des esprits aventureux, et que le succès pourra peut-être coudoyer à bref délai, cherchent à créer des moteurs non seulement en mettant à contribution la poudre et le pyroxyle mais même en utilisant les explosifs comme la dynamite, la mélinite, la roburite qu'ils s'efforcent d'apprivoiser pour ainsi dire, de dompter et de domestiquer. Pour atteindre ce but il suffirait de rendre fusantes ces poudres dont l'énergie est si brutale. Qui sait si un émule de Nobel, n'est pas à la veille d'atteler au char de l'humanité ces redoutables tigresses !

Mais n'anticipons pas. Et disons de suite que notre intention n'est ni de faire l'historique, ni la description des différents types de moteurs à gaz, à pétrole, à essence de pétrole, à benzine, à alcool, etc., dont le nombre, du reste, s'élève au chiffre respectable de 250. Nous conseillons de consulter à ce sujet les excellents ouvrages de MM.

Witz, Chauveau, de Graffigny et Gobiet. Toutefois, nous voulons simplement démontrer la part de plus en plus prépondérante que prennent les moteurs thermiques dans ce concert d'instruments merveilleux qui permettent à la faible nature humaine d'accomplir d'ores et déjà, sans fatigue et sans souffrance, les actes multiples de la vie. L'homme des champs désormais ne sera plus déprimé et physiquement et moralement par les durs travaux rustiques : la laboureuse et la moissonneuse, mues par la vapeur, par le moteur à pétrole ou par la dynamo, exécuteront en quelques heures ce qui exigeait jadis des mois entiers de durs labeurs. — Ce qui nous confirme aussi notre idéal, ce sont les belles paroles d'espoir que nous avons recueillies de la bouche même du grand publiciste russe Sérébrenikoff :... «Vous aurez un jour, grâce à la science, un paradis dont tous ceux dont on vous a bercés jusqu'à présent ne sont qu'un pâle reflet ! » . . . .

L'ingénieur anglais John Barber en 1791 prit une patente, pour un moteur à mélange d'air et de gaz carburé. Vers 1794 un autre anglais Robert Street faisait breveter un procédé qui consistait à précipiter à la base d'un cylindre en les enflammant du pétrole ou tout autre liquide également inflammable.

Mais le Français Philippe Lebon — on trouve toujours un français à la tête de tout ce qui est grand — dont nous avons déjà entretenu nos lecteurs à propos du gaz d'éclairage, avait indiqué clairement dans son brevet pris en 1799 l'emploi de ce même gaz comme force motrice et, véritable idée de génie, la *compression du mélange d'air et de gaz avant l'explosion* produite par l'étincelle électrique. !

Ainsi, plus de 60 ans avant Beau de Rochas et Otto, notre compatriote Philippe Lebon aurait doté l'humanité du véritable moteur à gaz, s'il ne fut tombé en 1804 sous le poignard d'une brute.

C'est en 1860 que le moteur Lenoir fit son apparition et fut l'objet d'un enthousiasme irréfléchi. En effet on s'aperçut bien vite que malgré certains avantages sur la machine à vapeur, ce nouveau moteur (sans compression du mélange) consommait plus de trois mille litres de gaz par cheval et par heure, ce qui le rendait bien plus dispendieux que la vapeur.

Cependant lorsque les inventeurs basèrent la marche de leurs machines sur le cycle à 4 temps, à compression du mélange tonnant mis en faveur par Beau de Rochas (1862), le moteur à gaz fit de rapides progrès, s on emploi devenant de moins en moins coûteux.

Chose étrange, toute découverte doit languir loin du monde un temps plus ou moins long.Cette incubation nuisible, préjudiciable à tous (excepté aux ennemis du progrès) se produit quelquefois encore de nos jours. — La découverte de Lebon (1799) ne fut appliquée définitivement que par Otto en 1878. C'est en 1854 que Soren-Hyorth invente l'auto-excitation des dynamos, et cette découverte capitale reste ensevelie pendant près de 20 ans, etc....

Nous avons parlé du cycle à 4 temps, décrivons-le de suite :

1er temps : Aspiration du mélange gazeux ;
2me temps : Compression ;
3me temps : Explosion et détente ;
4me temps : Evacuation des produits de combustion.

Au moment de l'explosion la température atteint momentanément dans le cylindre jusqu'à 1.600° température bien plus élevée que celle qui se produit dans le cylindre d'une machine à vapeur. Les efforts des inventeurs doivent donc tendre à accroître le rapport entre le nombre de kilogrammètres recueillis et le nombre de calories dépensées, car le rendement des moteurs à gaz et à air carburé n'est plus élevé que celui de la vapeur que grâce à la grande quantité de calorique obtenue au moment de l'explosion.

L'allumage se fait par jet de flamme, par tube incandescent ou par l'étincelle électrique. — Ce dernier mode d'inflammation est le plus avantageux . . . .

Et comme la Science concède à ceux qui se passionnent pour elle la faculté de transformer en bienfaits les éléments les plus nuisibles, voici que l'alcool, le poison lent mais sûr, va devenir source de vie et de richesses : le moteur à alcool s'implante de plus en plus en Allemagne. La France, qui pour le pétrole est tributaire de l'Amérique, puiserait dans la production de l'alcool pour moteurs le moyen de contrebalancer la concurrence que le nouveau monde lui fait par l'importation de son bétail. Tous nos agriculteurs trouveraient bénéfice à transformer en alcool

la betterave et le topinambour. L'addition de benzine déna-
turerait suffisamment cet alcool, et l'Etat pour rendre lu-
crative cette nouvelle industrie n'aurait qu'à dégrever ce
produit comme il l'a fait, du reste, pour la poudre de
mine.

Autre exemple, en passant, des prodigieuses transmu-
tations réalisées d'ores et déjà par la Science. L'agglomé-
ration des ordures ménagères constitue dans les grands
centres, des foyers de microbes et de pestilence. Mais la
Science intervient et sa baguette magique va métamorpho-
ser en diamants ces vils rebuts. Il suffit, en effet, de brûler ces immondices dans le foyer d'une chaudière spéciale
pour actionner un moteur à vapeur, qui par l'intermédiaire d'une dynamo prodiguera à toutes distances force
motrice, chaleur et lumière. Et il y a plus encore : que
l'on fasse passer le courant de cette même dynamo dans
de l'eau contenant du sel marin et l'on produira du chloro
oxigéné ou Hermitine, antiseptique puissant. Ainsi, dans
un milieu pestilentiel, lethifère, la science peut soudain
faire éclore le remède salutaire, la vie. L'antithèse, qui va
si bien à la plume de notre immortel poète Hugo, est l'esclave docile de la science. Cette toute puissante déesse peut
puiser, en effet, la sublimité même dans l'ignominie . .

Pour conclure, disons que les moteurs à gaz ou à air
carburé présente dans beaucoup de cas de nombreux avantages sur la vapeur. Dans certaines circonstances, en effet,
la machine à vapeur devient même d'un emploi si dispendieux qu'elle cesse d'être pratique. Ainsi une foule de petites industries qui n'ont besoin que par intermittences ou
pour quelques heures seulement d'un petit nombre de kilogrammètres ou de quelques chevaux, se comdamneraient
à la ruine en faisant usage de la vapeur. En effet, la mise
en pression d'une chaudière exige au préalable la dépense
d'une quantité plus ou moins considérable de combustible et une perte de temps plus ou moins grande. En outre
la quantité de combustible nécessaire pour mettre une
machine à vapeur sous pression, sera la même qu'il s'a-
gisse de 24 heures de marche ou de quelques minutes.
Avec le moteur à gaz (qui n'a pas besoin de mécanicien et
de chauffeur) cet énorme inconvénient disparait : la machine est toujours prête à fonctionner sans dépense préa-

lable et ne consomme du combustible qu'autant qu'elle travaille. De plus elle n'occupe qu'un espace restreint et ne nécessite nullement l'autorisation de l'entravante et routinière administration. Disons aussi que pour les grandes unités, de 30 à 500 chevaux (ce dernier chiffre sera certainement dépassé sous peu) les moteurs à gaz pauvres (gazogènes Dowson, Taylor, etc) peuvent lutter d'économie avec la machine à vapeur qu'ils supplanteront dans un avenir peu éloigné. — Entre parenthèse l'idée des gazogènes est due à deux français, Thomas et Laurens. Quant aux moteurs alimentés par les gaz qui s'échappent en abondance des *gueulards* des hauts-fourneaux, leur supériorité sur la vapeur est considérable au point de vue économique.

Les moteurs à gaz pauvres sont encore précieux pour la production de l'électricité dans les cités peu industrielles et même dans les grands centres où le public s'obstine toujours et bien à tort à ne demander que de la lumière à la polymorphe énergie électrique. En effet le moteur thermique ne consomme rien le jour pendant les heures de chômage, ce qui n'est pas le cas (comme nous l'avons dit plus haut) pour la machine à vapeur.

A la campagne ou dans les petites localités dépourvues d'usines électriques, le moteur à pétrole ou à essence peut par l'intermédiaire de la dynamo dispenser à tous des flots de lumière hygiénique et sidérale.

Le propriétaire d'une voiture automobile peut aussi avec le moteur de son véhicule actionner la dynamo nécessaire au chargement d'une batterie d'accumulateurs, qui fournirait ensuite l'éclairage à tout son immeuble. — Le pétrole devient donc réellement pour les petites forces le rival de la houille.

Et maintenant pour clore cet exposé trop sommaire et incomplet, donnons un faible aperçu des avantages que l'on peut retirer de l'emploi des moteurs thermiques au point de vue humanitaire.

Prenons, par exemple, une localité dépourvue d'usine électrique, le moteur à gaz, et s'il n'y pas d'usine à gaz, le moteur à pétrole, moins commodément et moins hygiéniquement il est vrai que le moteur électrique, donnera aux aux ouvriers des deux sexes la faculté d'éviter la promiscuité pernicieuse et démoralisante de l'usine.

L'ouvrier sans quitter le toit paternel confiera au moteur thermique le soin de mettre en marche les machines-outils qu'il n'aura plus qu'à guider, et la jeune fille dans la demeure familiale s'en remettra à l'œuvre de Lebon du soin d'actionner la machine à coudre, à broder, etc. L'un et l'autre pourront, du reste par téléphone être en relation permanente avec leur patron respectif. Le travail, le plus indispensable et le plus grand des biens, se trouvera désormais centralisé au foyer domestique pour le grand bonheur de tous. Et la jeune fille, plus tard mariée et mère, ne se verra plus contrainte de confier ses enfants à des mains mercenaires ou de les abandonner en son logis.

Tout en accomplissant la tâche quotidienne, il lui sera donné grâce aux trésors envolés du cerveau de l'inventeur et du laboratoire du savant, de rester toujours en contact avec tous les êtres qui lui tiennent au cœur.

Puis, un jour, si une de ces effroyables maladies que les progrès de la médecine parviennent maintenant à terrasser, si, par exemple, le croup "l'Epervier des Ténèbres" vient à fondre sur son enfant, le docteur mandé par télégraphe ou par téléphone, rendra sain et sauf à la mère éplorée le petit être par qui elle vit !

Ah ! quelle maudite chose que la science !

N'est-ce pas, chère Madame ?

N'est-il pas vrai, Monsieur l'Abbé ?

LIVRE III

Défaites-vous donc de vos dieux de
boue, et, pour être libres, ouvrez les yeux
à la vérité.

ÉPICTÈTE.

L'ÉLECTRICITÉ — APPLICATIONS DE L'ÉLECTRICITÉ.

I

Qu'on nous pardonne maintenant une courte digression.

La masse du public s'étonne qu'une découverte subisse vingt, trente années de séquestration (et même quelquefois beaucoup plus) avant qu'un audacieux de génie la délivre, l'épouse et la rende féconde pour le bien de tous.

Les sages — se méfier des sages — nous jettent à la tête à ce propos la lourde épithète d'évolution, comme s'il était indispensable, par exemple, qu'un mortel soit sexagénaire pour affirmer sa personnalité.

Oui, une invention dont le côté pratique est tangible, se voit repoussée pendant de nombreux lustres sans que l'on daigne se donner la peine de discuter le coefficient de bien-être qui doit sourdre de son adoption.

Quelle est la cause de ce mal ?

L'atavisme théocratique.

Oui, c'est-à-dire ce formidable amas de faussses terreurs, de cruautés révérées, de vaines et ineptes croyances d'ignorance vénérée, héritage fidèlement encaissé de génération en génération, et venant à notre époque éclabousser de sa fange sanglante jusqu'au seuil même de l'édifice naissant de la science.

Dès que les hommes parvinrent à se tenir debout sur le globe et à se grouper en sociétés, l'ignorance et la peur s'attachèrent à leurs pas. Né à l'origine des sociétés humaines, contemporain par conséquent de la barbarie, le prêtre s'empressa de donner asile à ces deux sœurs jumelles, l'Ignorance et la Peur. Il les alimenta avec un soin jaloux, et en satura la pauvre intelligence embryonnaire de l'homme primitif d'autant plus aisément que la faible créature humaine tombait, pour ainsi dire, écrasée sous toutes les forces de la nature, terrifiée par les phénomènes physiques, foudre, déluges, tremblement de terre, éclipses, cyclones, que le prêtre expliquait et commentait au mieux de ses intérêts.

Le prêtre comprit de suite l'immense bénéfice qu'il pouvait retirer de l'exploitation du mensonge et de la terreur, et c'est pour cela qu'il a de tout temps frappé d'anathème et terrorisé ceux qui cherchent à pénétrer dans les arcanes de la Nature et à dissiper la nuit qui enveloppe les intelligences humaines.

De nos jours, ne voyons-nous pas nos célibataires enfroqués tirer parti de tous fléaux et battre monnaie avec toutes les catastrophes ? Est-ce qu'ils n'ont pas mis de suite à profit l'incendie du Bazar de la Charité, prenant naissance pourtant quelques minutes après la bénédiction du nonce ? Est-ce que les curés de campagne n'exploitent pas avec zèle et .... profit, les innondations, les sécheresses, la grêle etc., menaçant des foudres de leur petit dieu fantasque, impulsif et cruel, de la mort et du diable, ceux de leurs ouailles qui hésitent à mettre à leur merci leur famille et leurs deniers ? . . . .

Le Célibataire tonsuré, en attendant mieux, est pour le moment un horticulteur qui cultive les simples. Jadis, comme nous l'avons dit (Liv. I Chap. III), il interprétait d'une façon toute spéciale l'œuvre du philosophe Jésus : de la robe du Maître, il faisait le san benito, la chemise de soufre qui recouvrait ceux que l'*Inquisition sainte (!)* envoyait au bûcher; quant à la croix, son bois se transformait en chevalets de torture et alimentait le brasier des autodafés ou crémations vivantes.

Du reste les Jésuites, qui constituent la Garde Prétorienne de l'Absurde, ne font que continuer les traditions de l'antique théocratie, mais avec un raffinement inouï d'hypocrisie. La devise de ces ennemis de Jésus est simple: Abrutir et diviser pour régner.

Vieille chanson sur un air antique également. Que vous ouvriez le Manava-Dharma-Sastra des Hindous ou le Livre de Moïse, vous constaterez sans peine l'analogie de ces deux romances surannées, dont le *refrain rengaine*

vous crie que le travail est une punition et que l'arbre de
la science produit la mort. Les prêtres (tous jésuites) réclament comme le brâhme de l'Inde la liberté d'enseigner
le mensonge. Car ils veulent à tout prix ressaisir le pouvoir que leur a enlevé, il y a un siècle, la Grande Révolution, et ils ont compris que la réaction contre le surnaturel, le mysticisme, en un mot contre la superstition, de-
viendrait de plus en plus vive à mesure que la science se
consolide en croissant.

La liberté d'enseignement leur permettait de glacer à
nouveau l'intelligence en abaissant le thermomètre de la
vérité historique. — Bien entendu, la science serait vouée
à l'in pace.

Que l'on parcoure l'histoire de France de Chantrel et
l'on sera stupéfait de la maëstria avec laquel ce jésuite dis-
tribue des coups de poing à la vérité. Ce doux tartufe,
entre cent escobarderies, nous raconte que la Saint-
Barthélemy fut un crime politique et que la religion n'y
fut pour rien. « L'Eglise, dit-il, condamne tous les crimes,
même ceux qui seraient commis en son nom et pour sa défense (dieu Sabaoth n'y saurait suffire paraît-il !!!)

On sait que toutes les fois que l'Eglise voyait quelque profit à retirer d'un crime ou d'une infamie quelconque, elle n'hésitait nullement à en confier la per-
pétration à ses dupes fanatisées. — Nous avons effleuré
ce triste sujet au chapitre III du Livre Ier. Dans une lettre
à Catherine de Médicis, le Pape Pie V lui conseille de massacrer tous les hérétiques.

Et les disciples de l'Eglise, les disciples couronnés,
empereurs, rois et roitelets, princes et principicules, tous
hochets entre ses griffes, tous déclarés par elle monarques
de droit divin et patentés par elle à condition de servir les
intérêts du pape et de porter le bât clérical, est-ce qu'ils ne
se sont pas rendus coupables de toutes les infamies et de
tous les crimes ? Est-ce que les catholiques n'ont pas affu-
blé l'homicide Constantin du titre de Grand, tout simplement parce qu'il déclara le catholicisme religion officielle
de l'Empire Romain ? — Ferdinand le Catholique ne se
vantait-il pas lui-même d'avoir trompé dix fois Louis XII
roi de France, tandis que Consalvo, son général, après
avoir juré sur l'hostie consacrée que le duc de Calabre

n'avait rien à craindre en venant en Espagne, le faisait, dès son arrivée, jeter au cachot ! — Et les maîtres, cela va de soi, étaient pires que les disciples.

Le pape Jules II (Julien de la Rovère) que Guillaume Budé appelle un chef sanguinaire de gladiateurs, fit preuve envers la France d'une ingratitude et d'une lâcheté sans nom. Quant au Pape Alexandre VI (Borgia) son nom est synonyme de crime et trahison. Le pape Pie V, aux soldats qu'il envoya en France avant la St-Barthélemy, donna comme consigne : — Tuez tout !

En 1809 les évêques français exhortaient les conscrits « *à se montrer dignes des hautes destinées auxquelles la Providence nous a appelés en nous donnant un souverain devant qui la terre se tait, et qui dans les combats, est toujours précédé de l'ange de la victoire.* » Et ces mêmes évêques, six ans plus tard, s'empressaient de trahir l'aventurier corse.

Les Jésuites, (ces hommes qui ont renoncé au monde et qui n'aspirent qu'à le gouverner despotiquement) chassés de France sous Louis XV par Choiseul ministre, y rentrèrent grâce à la mère de Napoléon. Ils n'eurent rien de plus pressé, cela va sans dire, que de trahir le gouvernement qui leur donnait asile et d'organiser sous la Restauration la *terreur blanche.*

Et c'est à de tels hommes que la vieille et ignare bourgeoisie confie l'éducation de ses enfants ! Cette ridicule phalange, qui traîne ses grègues fainéantes de Lourdes à la Salette, en attendant Tilly-sur-Seulles, offrirait, certes, au penseur de nombreux sujets de divertissements, si son influence sociale n'était pas si funeste. Son abjecte servilité envers l'Eglise a pour effort et pour effet de paralyser le progrès, dans une certaine mesure. En effet, le prêtre auquel elle livre dès le jeune âge l'impressionnable cire molle des intelligences, détruit avec le plus grand soin les germes naissants de la raison. Car la raison discute et repousse l'absurde. La raison réclame impérieusement des preuves et le prêtre n'en a pas. — C'est l'ennemie. Aussi voyez avec quel soin un R. P. du Bourbier s'efforcera d'écraser à coups de catéchisme cette faculté dans la tête de son disciple.

Le comique de la chose, c'est qu'après avoir fait appel

au raisonnement de son élève pour lui enseiger les mathématiques, le trigaud tonsuré lui confisque ensuite la faculté de raisonner pour lui apprendre, par exemple,que le diable emporta Jésus sur la Montagne. Aussi la jeune cervelle de l'enfant, ainsi bourrée de contes fantastisques, saturée de merveilleux, sera la plupart du temps inapte à réagir contre l'absurde. Malgré lui il croira aux fées, lutins sylphes, diables et diablotins, et, plus tard, dévorera la littérature où on lui servira du diable et du surnaturel à toutes les sauces : le Diable à quatre, le Diable de Paris, les Diables roses, les Diables noirs, etc., etc. Et sa mère, dressée par M. l'abbé, incapable de se servir de sa raison que depuis longtemps elle laisse en elle se rouiller de par l'ordre du célibataire enfroqué, sa mère, bonne bête à prêtres, viendra encore renforcer l'action déprimante du prêtre ! Par la confession auriculaire que l'écrivain Camille de Renesse qualifie avec justesse de *cambriolage des consciences*, le célibataire ecclésiastique aura dans la main, la femme, l'enfant et le père de famille. Ce dernier, s'il est croyant ne compte pas, car Madame en toutes circonstances donnera toujours la préférence au pieux célibataire, qui possédant l'esprit de la maîtresse de maison a bien vite... tout le reste, pour peu qu'il s'en donne la peine. Du reste, l'Eglise a fait un dogme du cocuage, et un bon catholique se sanctifie en imitant Saint-Joseph. Le prêtre, la femme et le mari, trinité sainte, dont le plus heureux des trois est à coup sûr le soi disant ministre de Dieu. L'Eglise savait bien ce qu'elle faisait lorsque son éternel machiavélisme forçait le prêtre au célibat. — Les plus belles moissons prennent naissance dans la fange *et la fin justifie les moyens*. Si l'époux désapprouve toutes ces sublimes façons d'agir, on le taxe de libre-penseur et l'on fait le vide autour de lui. L'époux mystique,c'est-à-dire mystificateur, règnera toujours en maître au foyer conjugal d'où il a eu grand soin de bannir tout ce qui tendrait à développer l'intelligence et la raison. Madame, cédant à l'instigation de son *pieux directeur*,s'empressera elle aussi de proscrire immédiatement cette émancipatrice, cette épée toujours victorieuse, cette arme du penseur, cette source de tout progrès, la raison ; et tous les membres de la famille sur l'ordre formel de Madame se précipiteront dans les bras de la foi, qui n'est que l'absence de raisonnement, la croyance sans preuve, la tueuse d'intelligences, le refuge des imbéciles.

Est-il étonnant que les Anglo-Saxons, qui depuis quatre siècles échappent à l'action momifiante du catholicisme, l'emportent invariablement sur nous toutes les fois qu'il s'agit de grandes entreprises industrielles et commerciales, de ce qui constitue, en un mot, les forces vives d'une nation ? Pauvres races latines les plus intelligentes du monde, anémiées et paralysées par quinze siècles de catholicisme théocratique, héritier et parodiste de l'abrutissante théocratie hindoue !

Néanmoins, la France qui toujours se montra rebelle à l'établissement de l'Inquisition, fut la première à s'évader de l'in pace théocratique et sonna en 1789 le réveil de la liberté, parce que, selon la spirituelle boutade de Michelet, « la France est voltairienne depuis dix-mille ans.»

Mais il n'en est pas moins avéré, prouvé et constaté que le clergé catholique trouve un point d'appui dans l'ignorance et la veulerie de la superstitieuse bourgeoisie de 1830. Et cependant le prêtre n'a que du mépris et de la haine pour cette classe de la société : du mépris parce qu'elle est sa trop facile dupe, de la haine parce qu'elle a refusé de collaborer à la restauration de la Monarchie de Droit Divin. Toutefois, faute de mieux et comme acheminement vers un but qu'ils espèrent atteindre plus tard, les congréganistes concentrent tous leurs efforts sur l'accaparement des intelligences par l'instruction religieuse, qui a pour résultante la mise sous le boisseau de la raison et de la libre pensée. Convaincus que leurs tentatives pour ressaisir le pouvoir absolu avec le gouvernement actuel, seront toujours infructueuses, ils enseignent à leurs élèves aveuglés par le merveilleux quintessencié de leur théurgie théologique, l'art de conspirer chrétiennement, avec une décente hypocrisie, contre la Grande République française, qui est le régime par excellence de l'âge viril des peuples.

Leur rêve est, en effet, de restaurer en France d'abord, puis dans l'univers entier, la monarchie absolue, époque Louis XIV, avec des potentats affublés du bât clérical, livrant à l'insatiable Eglise leurs sujets, corps et biens, intelligences et consciences. . . . .

Tandis que le pasteur protestant nous représente le Nazaréen sous la grande figure d'un sage, d'un philosophe novateur et génial, le prêtre catholique nous rapetisse Jésus à la taille d'un vulgaire thaumaturge et saisit tous les prétextes pour battre monnaie avec le grand cœur de ce sublime et philanthrope révolutionnaire.

Et pendant que le ministre de Luther apprend à son élève à exploiter avec fruit les mille carrières que la science ouvre aujourd'hui à l'activité humaine, le disciple de Loyola enseigne à sa dupe que le Saint-Esprit s'est changé en pigeon. Puis, comme au confessionnal il recueille les confidences des bambins des deux sexes, (l'âge de raison date de la septième année canoniquement parlant !) celles des domestiques (qui croiront gagner le paradis en dévoilant tout ce qu'ils savent ou s'imaginent savoir), celles autrement précieuses de Madame (à qui ses flatteries plus ou moins adroites ont persuadé que sa foi aveugle la transformait en divinité), alors, si une découverte scientifique, utile à tous, mais hostile à la Révélation (?) et nuisible au Denier de Saint-Pierre vient s'offrir au capitaliste bourgeois, qui n'est chef de famille que de nom, Madame, après avoir pris le mot d'ordre à la sacristie, barrera de concert avec sa famille la route à l'œuvre bienfaisante.

Pendant ce temps-là l'inventeur, le savant, l'ingénieur, les promoteurs de l'idée féconde, conspués et diffamés, verront s'asseoir à leur foyer l'indigence et la faim. Mais les pieux bateleurs auront râtelé pour le plus grand profit de l'Eglise l'or de leurs dupes bourgeoises, par le chantage au confessionnal, par l'intimidation, par les menaces faites aux malades aux affres de la mort, par les promesses des hypothétiques joies célestes, par les bouffonneries de Saint-Antoine de Padoue, de Lourdes, etc., etc.

Pauvres âmes dévotes ! vous qui avez soif de mensonge et dont l'erreur constitue la seule consolation ; vous qui, sans vous en rendre compte, avez fausse vertu, faux honneur et fausse bonté ; vous dont les Eternels de cire, de bois et de carton-pâte deviennent la proie des vers ; dont les Jéhovah de pierre ou de marbre s'effritent sous la rude main du Temps ; dont toutes les déités servent de refuge aux insectes, reçoivent les souillures des oiseaux et sont même quelquefois réduites en miettes ou volatilisées

par la foudre, comme à Limpiville (Seine-Inférieure) où en
1901 le tonnerre pendant la première communion frappa
le clocher et pulvérisa les vases sacrés de l'église d'Annou-
ville-Vilmesnil; ne pourriez-vous donc pas, âmes bour-
geoisement dévotes, qui croyez faire votre salut en insul-
tant la République et en conspirant contre elle, ne pourriez-vous donc pas une bonne fois faire appel à votre raison.

Ce faisant, vous vous apercevriez que pendant quinze
siècles votre infaillible Eglise a prononcé sur tout et s'est
trompée sur tout; qu'elle n'a pu prévoir ni éviter au genre humain aucune guerre ni aucun fléau; qu'elle a toujours été d'une impuissance notoire à préserver ou guérir
les peuples de toutes les épidémies; qu'aucune de ses pro-
phéties ne s'est réalisée, et qu'elle ignorait même la rotation et la sphéricité du globe terrestre, l'existence de l'A-
mérique et jusqu'à la circulation du sang. Au lieu de calomnier la science, qui donne des faits, tandis que vos
théologiens n'ont jamais pu produire autre chose que des
billevesées; au lieu de persécuter ceux qui osent penser et
se refusent à faire le jeu des éternels faiseurs de dupes,
demandez donc au prêtre une seule preuve palpable, un
seul miracle, un tout petit miracle, un miracle de trente-
quatrième classe, et vous verrez Monsieur l'Abbé s'enfuir
les mains vides tout en proclamant que son culte est le
seul véritable, le seul pur cacao et sucre.

Dans notre brochure *Quelques mots sur l'Electricité*
nous avons tenté de faire l'historique abrégé de cette polymorphe énergie et de signaler quelques-unes de ses applications. Nous ferons tous nos efforts dans les quelques lignes qui vont suivre, pour mettre sous les yeux de nos
lecteurs une partie des applications industrielles dont est
susceptible cet agent merveilleux qui détrônera infaillible-
ment toutes les autres forces, parce qu'il les contient toutes quintessenciées, douces, hygiéniques et dociles jusqu'à
l'hyperbole. En outre, le triage pour ainsi dire, l'isolement
de ces trois manifestations de l'énergie, force, lumière et
chaleur, sorte de triade indispensable à notre existence, se
trouvent réalisés instantanément avec une souplesse d'allure déconcertante. La science a des preuves, des preuves
irréfutables. En quatorze heures la locomotive nous trans-

porte de Paris à Marseille, et le télégraphe met instantanément ces deux villes en communication. — Nous dou-
tons fort que les oraisons de M. l'Abbé puissent produire
de semblables résultats ; il est même prouvé jusqu'à l'évi-
dence la plus absolue que le Grand Principe inconnu qui
préside aux destinées de l'immense univers ne tient aucun
compte des faits et gestes de M. l'Abbé.

Dès que le physicien allemand Otto de Guericke (1602-
1686) eut fait jaillir l'étincelle électrique du globe de soufre électrisé, que Grey et Wehrler eurent trouvé la propa-
gation de l'électricité dans les corps conducteurs et qu'enfin le hollandais Musschenbroek eut découvert en 1746 la
bouteille de Leyde, l'ingénieur français Bettancourt et le
physicien Lomond songèrent à appliquer l'électricité à la
télégraphie. En 1794, l'allemand Reiser se livra à la même
tentative. Vers 1796, le médecin espagnol Salva, ardent
propagateur de la vaccine et qui eut toute sa vie à lutter
contre la malveillance des moines, établit à Madrid un télégraphe électrique.

Mais, hâtons-nous de le dire, tout système télégraphi-
que basé sur l'électricité statique, était, par ce fait même,
à peu près impraticable. A part quelques applications mé-
dicales, l'électricité statique n'est pas autre chose qu'un
phénomène curieux encore confiné dans les cabinets de
physique. En effet, cette forme d'électricité possède des
milliers et même des centaines de milliers de volts, mais
à peine quelques millièmes d'ampère, et elle abandonne
ses conducteurs sous le plus léger prétexte ; ses applications industrielles sont nulles. Ce sont les expériences
simples et sans éclat de Galvani et surtout la modeste pile
zinc et cuivre de Volta, qui ont fait découvrir l'immense
océan d'électricité où vient puiser sans cesse l'industrie
moderne.

Laissons pour un moment la parole à M. Gaetano
Negri, président de l'Institut Lombard des sciences et
des lettres :

« Le dix-neuvième siècle a commencé avec le nom
d'Alexandre Volta ; c'est par ce nom qu'il prend fin. L'aube de ce siècle a vu la découverte de la pile qui promettait
à l'homme de le rendre maître et dispensateur de l'une
des forces les plus puissantes et les plus mystérieuses de

la nature ; le déclin du même siècle assiste à la merveilleuse réalisation de cette promesse. . . . .

«... L'idée du progrès, c'est-à-dire l'idée que l'humanité se transforme par un procédé de perfectionnement graduel, qu'elle élabore dans son sein une civilisation qui, de degré en degré, devient plus complexe, plus variée, plus efficace ; une civilisation qui s'avance vers un but réservé à l'avenir, mais immanent au monde — voilà une idée essentiellement moderne. La société qui a précédé le christianisme ne l'avait pas eue, la société sortie du christianisme ne l'a pas eue non plus; et ni l'une ni l'autre ne pouvaient l'avoir, car le progrès n'est que l'effet de la connaissance scientifique de la réalité. Or, le monde ancien, pas plus que le monde chrétien, n'a possédé cette connaissance. Le progrès de l'humanité consiste dans la découverte progressive de la causalité réelle des phénomènes de l'univers — causalité réelle qui vient prendre la place de la causalité fantastique et menteuse affirmée par la conscience confuse de l'homme primitif; il consiste en outre, dans l'application toujours plus large et plus sûre de cette connaissance rationnelle, à la conquête et à l'usage des forces de la nature . . . .

«... Un peuple de l'antiquité ne savait se maintenir compact et courageux que par la guerre, car la guerre était le seul travail qui fut libre et dans lequel, par suite, les âmes les plus fortes et les esprits les plus éclairés obtenaient le dessus. Mais il suffisait que la guerre cessât d'être une condition nécessaire à la vie d'un peuple, il suffisait que ce peuple pût se reposer dans la paix pour qu'il se précipitât dans la décadence. Par suite, le mot paix signifiait : oisiveté, vice, dépravation, désordre. Ces sociétés anciennes, ne possédant pas la science, n'avaient donc point le progrès, et elles ne pouvaient avoir une sécurité de vie fondée sur la sécurité de la connaissance. Elles étaient donc, toutes et toujours, fondées sur l'erreur et maintenues en équilibre par une tension morale déterminée.

« La prospérité atténuait cette tension ; et alors elles parcouraient rapidement, à rebours, tout le chemin qu'elles avaient franchi et elles se consumaient, s'éteignaient dans une irréparable décadence. Ensuite est venu le christianisme qui a renversé la puissante civilisation antique, civilisation fondée, nous venons de le voir, sur l'organisation de l'iniquité sociale. Mais cette révolution n'a pas apporté avec elle le progrès, car l'humanité manquait, non moins qu'auparavant, de la connaissance scientifique : les hommes continuèrent donc de tâtonner dans les ténèbres de l'ignorance et de la superstition. Nous devons même reconnaître que la société du moyen-âge fit un pas en arrière, parce qu'il lui manquait l'organisation forte bien qu'inique, qui pour la société antique avait, dans une certaine mesure, suppléé à la science absente. La civilisation relative des communes italiennes ne fut qu'un pâle rayon au milieu des ténèbres et du silence qui enveloppaient toute l'Europe.

« On ne percevait alors que les voix des scolastiques qui discutaient sur des vanités métaphysiques et qui, pourtant, se vantaient de posséder la science de l'univers. Les populations s'étiolaient ; les villes étaient petites et sales ; tous les admirables travaux édilitaires créés par les Romains — routes, ponts, aqueducs — étaient détruits et personne ne songeait à les reconstruire ; le verdict du droit romain avait fait place à l'injustice, la violence, l'arbitraire; une religion de paix aurait dû régner en souveraine et, pourtant, jamais il ne coula autant de torrents de sang, jamais le faible ne se trouva plus exposé aux violences, jamais les passions sauvages ne furent plus déchaînées ; et l'Eglise elle-même, qui devait représenter cette religion de paix, se souillait, dans l'excès de son omnipotence, de tous les vices et de tous les crimes...

« ... Eh bien ! le grand fait de notre siècle, le fait en vertu duquel on peut attacher l'épithète de novateur par excellence au dix-neuvième siècle, *c'est justement d'avoir fondé l'organisation de l'énergie humaine sur la base de la science, c'est-à-dire sur la base de la vérité.* Les forces de la nature rationnellement étudiées, dévoilent leur secret et demeurent subjuguées par l'homme, lequel les emploie pour l'amélioration des conditions de la vie. La nature n'apparaît plus comme un ensemble de forces mystérieuses, guidées par un caprice, par une volonté insondable : elle se révèle comme un organisme rationnel dont on peut connaître les lois et prévoir les effets...

«... La machine à vapeur, due justement à l'emploi rationnel de la force de la chaleur, a radicalement changé tous les éléments de la production humaine en augmentant sans fin sa capacité d'expansion et, ce qui constitue un fait plus important encore, elle a rétréci aux yeux de l'homme le globe qu'il habite, en lui offrant le moyen de dévorer l'espace, en réunissant ensemble des gens et des choses que séparaient autrefois des barrières presque insurmontables.

« Mais la machine à vapeur, dans le cours du dix-neuvième siècle, a épuisé toute sa capacité d'application...... L'homme aurait peut-être dû se résigner à un arrêt dans sa marche vers une civilisation plus haute si Alexandre Volta, au moment où apparaissaient les premières esquisses de la machine à vapeur, n'avait pas inventé la pile, c'est-à-dire s'il n'avait pas inventé l'électro-dynamique, c'est-à-dire s'il n'avait pas fourni le moyen d'utiliser l'énergie de la nature sous une force plus intime et plus profonde que celle de la chaleur.

« Il a fallu presque un siècle, il a fallu les méditations, les études, les découvertes d'autres grands hommes pour faire découler de la pile les merveilleuses conséquences dont nous voyons les prémices dans le siècle qui expire et qui donneront, dans le siècle qui va naître, une moisson dont personne ne peut suffisamment se figurer la richesse et la splendeur. . . . .

«... Mais l'idée de progrès ne comporte pas seulement l'idée d'une plus grande puissance obtenue par l'homme, grâce à sa connaissance rationnelle de la nature ; elle comporte encore l'idée d'une organisation sociale qui répond toujours, de mieux en mieux, à la conception de la justice. Or, une organisation pareille ne peut reposer que sur la justice. C'est pourquoi la science que certains à vues étroites, proclament une force immorale, est au contraire la condition nécessaire de la moralité sociale . . . . .

«... La plus sublime de toutes les morales, la morale absolument parfaite, la morale chrétienne, qui s'inspire justement de la solidarité et de la fraternité humaines, est venue dans une société qui n'était pas encore mûre pour la recevoir, dans laquelle faisaient défaut les conditions indispensables pour son développement naturel. Cette mo-

rale s'est donc renfermée dans les couvents ou dans l'âme
de quelque mystique exalté, et elle n'a pas empêché l'histoire du moyen-âge de devenir un tissu de crimes ; elle n'a
pas éteint les bûchers de l'Inquisition ; elle n'a pas enlevé
à la violence, à l'injustice — et cela pendant de longs siècles — leur pouvoir incontesté sur le monde.

« Le progrès, lui, n'est pas un phénomène moral, c'est
un phénomène purement intellectuel. Mais ce phénomène
intellectuel vient indirectement moraliser l'humanité, car,
en détruisant les masques, les erreurs, les superstitions
qui la troublent, et en dissipant les nuages qui obscurcis-
sent la vérité, il suscite en même temps un état de choses
duquel jaillit la solidarité humaine comme une conséquence
inéluctable...

« Quiconque n'est pas aveuglé par les préjugés doit reconnaître que l'homme tout en restant invariablement
identique dans ses passions, est nécessairement retenu et
corrigé par le nouvel ambiant que la civilisation rationnelle
de notre temps crée autour de lui. Parmi mille exemples
que je pourrais invoquer, j'en citerai seulement un : la
répugnance à la guerre. Au moyen âge, la guerre était la
condition normale des nations et des cités. Si la grandeur
des États qui ont succédé au fractionnement des petites
puisssances du moyen âge, est parvenue à éteindre, jusqu'à certain point, les discordes civiles, la guerre n'a pourtant pas cessé de sévir, jusqu'au commencement de notre
siècle, sur tel ou tel point de l'Europe, où elle s'allumait
sous le prétexte le plus futile.

« Eh bien ! les passions, qui autrefois, poussaient les
peuples les uns contre les autres, vivent encore et avec
la même énergie dans le cœur humain ; mais personne n'a le triste courage de commencer la guerre. Et
pourquoi? Parceque les conditions de la vie, conditions
toutes créées par la civilisation scientifique dans laquelle
nous vivons, ont éveillé dans les esprits un sentiment de
responsabilité devant lequel reculent les passions — en
sorte que la science obtient indirectement ce qu'avait en
vain cherché à obtenir l'exhortation morale et directe.

« La science nationalise la société, et cette société au
lieu d'être comme par le passé un amas chaotique à qui
la force brutale imposait un ordre transitoire et oscillant,

dans lequel le bien et le mal se heurtaient, se détruisaient comme par hasard au milieu d'une lutte confuse et aveugle — cette société devient peu à peu un organisme logiquement ordonné, et la raison, n'étant plus obscurcie ni abusée par les masques de la passion et de l'imagination, deviendra avec le temps un guide aussi sûr que l'est l'instinct pour les êtres auxquels la faculté de penser a été refusée. Aucun jugement, par suite, n'est plus faux ni plus mesquin que celui des gens qui voient dans la science un élément dangereux, l'inspiratrice d'une superbe coupable et déraisonnable. La science est la seule force qui puisse réorganiser sûrement et sur la base de la vérité l'humanité, car, en détruisant l'erreur à sa racine elle empêche que l'erreur engendre le désordre.

« Nous avons le pressentiment que la connaissance scientifique de l'univers nous conduira à la réalisation de la conception fondamentale de la pensée moderne, à la conception de l'unité des forces physiques, lesquelles ne sont que les manifestations diverses — selon la diversité de nos sens — de l'unique énergie qui comprend en elle-même toutes les formes de la vie de l'être. Par sa découverte, de laquelle tant d'autres ont découlé, Alexandre Volta a fait faire un grand pas à l'humanité vers la détermination plus exacte de cette conception à laquelle vont aboutir les fleuves innombrables de la science humaine.

Il a arraché la foudre de la main irritée et capricieuse de Jupiter, il l'a domptée et l'a rendue la serve de l'homme. Il a ouvert un soupirail par lequel notre œil scrute les secrets les plus intimes de la nature et recueille le procédé suivant lequel l'unité du tout, en passant par nos sens, se décompose en l'apparente variété des phénomènes naturels. Il a donné les ailes de la foudre à la parole humaine qui vole autour du globe. Il nous a donné le moyen de recouvrer et d'utiliser la force du soleil enfouie au fond de la terre, et cela en la recherchant non plus dans les profonds et homicides hypogées des forêts paléozoïques, mais bien dans les libres eaux des cascades écumantes.

« Alexandre Volta doit être proclamé un des plus efficaces rénovateurs de l'humanité. Aucune découverte n'est plus bienfaisante que la sienne, ni plus riche en inépuisables surprises. La civilisation humaine, qui est la grande, l'immortelle conquête de la pensée moderne, compte d'autres glorieux héros, mais aucun n'est plus glorieux qu'Alexandre Volta. Si notre siècle expirant voulait, d'un seul mot, donner aux siècles futurs la clef de l'action transformatrice par lui exercée sur l'histoire du genre humain, il lui suffirait de s'appeler — le siècle d'Alexandre Volta. « Gaetano Negri. »

Nous avons tenu à mettre sous les yeux de nos lecteurs une partie de l'article de M. Gaetano Negri, parce que cet article — publié dans un journal italien à l'occasion du centenaire de Volta — nous semble résumer d'éloquente manière l'immense évolution scientifique et par conséquent sociale qui découle de la découverte de l'immortel physicien de Côme.

Nous allons nous borner modestement à énumérer quelques unes des applications de l'électricité aux usages domestiques et à l'industrie. — Pour la partie technique nous engageons vivement ceux de nos lecteurs désireux d'acquérir des notions réelles dans cette science dont toutes les autres deviennent tributaires, à consulter les excellents ouvrages de MM. Hospitalier, Eric Gérard, Picou, Engelard, Laffargue, Cadiat, Dumont, Henri de Graffigny, Georges Claude . . . .

Un peu d'historique nous semble, cependant, devoir prendre place ici.

Après la découverte de Volta (1800) apparaissent les piles réellement pratiques du français Besquerel (1829), de l'Anglais Daniell (1836), de l'allemand Bunsen (1843). En même temps le danois Œrsted découvre en 1819 l'Electro-Magnétisme perfectionné par Faraday (1821), Arago (1824), Ampère (1820) — Electro-Dynamique et invention de l'Electro-Aimant. — Ces découvertes engendrèrent la Télégraphie Electrique, puis la machine Magnéto-électrique due à Pixii, Clarke, Nollet. . . . .

Enfin Soren Hjorth ayant découvert en 1854 le fait fondamental de l'auto-excitation, la machine dynamo-électrique fit son apparition. Mais malgré les perfectionnements apportés en 1867 par Siemens, Wilde et Ladd, elle restait dans l'oubli. Il fallut que Gramme s'inspirant des travaux de ses devanciers vint la remettre en lumière, en créant en 1872 le véritable type industriel de dynamos à courants continus et à courants alternatifs.

C'est en 1860 que le français Planté découvrit les accumulateurs au plomb (piles secondaires) — Toute installation sérieuse d'éclairage électrique par moteurs autres que moteurs hydrauliques doit posséder une ou plusieurs batteries d'accumulateurs.

En 1882, le français Gaulard inventa le premier transformateur industriel et démontra en 1884 dans l'expérience de Turin-Lanzo la possibilité de transporter à grandes distances avec un bon rendement l'énergie électrique.

Le télégraphe électrique devient pratique en 1838 entre les mains du bavarois Steinheil, qui trouve la possibilité de supprimer l'un des deux conducteurs en prenant la terre comme fil de retour.

La téléphonie électrique due au français Bourseul en 1854, obtient en 1876 droit de cité, grâce à l'américain Graham Bell. — Un autre américain Hughe invente en 1879 le microphone auquel Edison adapte la bobine d'induction, et du coup la téléphonie à longue distance se trouve réalisée. Disons en passant qu'à cette même époque Hughe entrevit quelques-uns des phénomènes d'ondes électriques auxquels Hertz donna plus tard son nom.

Le 28 novembre 1890 le physicien Dussaud pratique dans les salons du *Figaro* des expériences de téléphonographie, c'est-à-dire enregistre sur un phonographe une dépêche téléphonique traversant une distance égale à 500 kilomètres. En 1889, il est vrai, entre New-York et Philadelphie, Hammer obtenait de semblables résultats, mais avec un dispositif bien plus compliqué.

C'est en 1888 que Hertz découvre que la décharge brusque d'un condensateur dont on renouvelle sans cesse la charge engendre des ondes électriques qui se propagent, se réfractent, se polarisent comme la lumière, dont elles ont la vitesse. De plus, elles peuvent traverser les corps isolants et se propager sans fils tout en n'influençant pas l'aiguille aimantée et en n'exerçant aucune action électrolytique.

La télégraphie sans fils (ondes hertziennes) entrevue par Preece et Edison, est rendue pratique en 1897 grâce à l'italien Marconi.

Enfin, aujourd'hui, le transport de l'énergie électrique à grandes distances (jusqu'à 300 kilomètres et plus) étant absolument pratique depuis l'expérience classique de Lauffen-Francfort en 1891, tous les efforts de l'ingénieur doivent avoir pour but l'utilisation des forces hydrauliques de la nature, qui, par l'intermédiaire des dynamos à courants continus pour les petites distances et, pour les grandes distances, des dynamos à courants alternatifs simples ou selon le cas polyphasée, donnent toute latitude pour obtenir en tout lieu le *Tout par l'Electricité*. — Que les capitalistes entrent donc sans hésitation dans cette voie, car aujourd'hui l'électricité engendrée par les forces hydrauliques est chose aussi pratique, aussi réalisable que l'était, par exemple, la locomotive après la découverte de la chaudière tubulaire.

Voici, entre mille, les services que l'électricité, la science du présent et de l'avenir, peut rendre dans l'intérieur des habitations, avec un petit nombre de piles :

1° Sonneries et tous signaux instantanés et à distance;

2° Gâches électriques pour ouverture des portes à distance ;

3° Réveils montés avec contact électrique et dont le déclanchement ferme le circuit de la pile sur un timbre, un grelot, une cloche, une sirène Zigang, ou autre ;

4° Contacts de feuillures et autres pour portes, fenêtres, coffres-forts, décelant immédiatement la présence d'un intrus quelconque ;

5° Horlogerie électrique ;

6° Les actions électrolytiques en petit, cuivrage, nickelage, dorure et argenture ;

7° Electricité médicale ;

8° Briquet électrique dans tous les appartements si on le désire ;

9° Allumage intermittent d'une petite lampe à incandescence permettant l'éclairage momentané d'un vestibule, d'un escalier, et de voir l'heure la nuit à un cadran de montre ou d'horloge ;

10° Téléphonie domestique. — Toutes les pièces d'une maison peuvent être reliées à l'office, de sorte que chaque personne de l'immeuble aura la faculté, même de son lit, de transmettre immédiatement ses ordres aux domestiques.

Avec le microphone-espion, il vous sera donné d'apprendre tout ou partie des machinations ourdies par votre belle-mère contre votre repos et les préludes de la cuisinière qui servent d'ordinaire d'introduction à la valse de l'anse du panier. Il vous serait loisible aussi, cher lecteur, d'entendre de la même façon quelques bribes des confidences que feront un jour ou l'autre au confessionnal le cordon bleu et la femme de chambre sur ce qui se passe ou est sensé se passer dans votre ménage. Car il n'est pas de camériste qui ne croit gagner une loge d'avant-scène au paradis en faisant à M. l'Abbé des communications de secrets qui permettront à ce dévot personnage de dresser ses batteries au mieux des intérêts de la gent cléricale.

11° À l'aide d'une bobine d'induction on peut à volonté interdire l'accès de telle ou telle chambre, car en manœuvrant un interrupteur on peut gratifier d'une violente secousse quiconque tenterait d'en ouvrir la porte. Il est même facile d'organiser un dispositif par lequel l'indiscret ou le voleur s'administreraient eux-mêmes, — sans jeu de mots — une bonne pile. Un coffre-fort peut de cette façon devenir réfractaire à toute tentative de crochetage. Du reste, la souplesse de cette merveilleuse énergie est telle que le même courant qui gratifierait un malfaiteur d'un ébranlement nerveux très désagréable, pourrait le verrouiller dans la pièce où il a pénétré, en même temps produire l'explosion de fusées Stateham, mettre en branle des sonneries d'alarme, allumer becs de gaz et lampes à essence, ou même de petites lampes à incadescence.

Si vous voulez avoir force, lumière et chaleur, en un mot réaliser dans notre *home le Tout par l'Électricité*, ce n'est plus à la pile c'est-à-dire à l'électromoteur par voie chimique qu'il faut avoir recours, mais bien à la dynamo, cette merveilleuse machine qui transforme avec un rendement de 85 et même 90 o/o de l'énergie mécanique en électricité. Car le cheval électrique (736 watts) coûtent par la pile de deux à quatre francs l'heure selon que l'on emploie l'élément à acide azotique ou l'élément au bichromate, tandis que la même énergie électrique obtenue par l'intermédiaire d'une dynamo actionnée soit par un moteur à vapeur, soit par un moteur à gaz ou à pétrole, reviendrait à peine à vingt centimes l'heure. L'emploi de la pile est tout indiqué pour. les mille applications domestiques dont nous n'avons décrit que quelques unes, pour toutes sortes de signaux instantanés et à grande distance, pour la télégraphie, la téléphonie, l'horlogerie, etc.; quant à vouloir engendrer par la pile les kilowatts nécessaires pour réaliser dans un immeuble le Tout par l'Electricité, ce serait une fantaisie de milliardaire.

Mais si vous êtes désireux, cher lecteur (ce dont on ne saurait trop vous féliciter) d'introduire dans votre demeure cet agent polymorphe, dispensateur par excellence de confort et d'hygiène, que nous nommons courant électrique, nous vous conseillons une des trois solutions suivantes :

1º A la campagne, étant donné la proximité d'une chûte d'eau suffisante, une turbine produisant une force de trois chevaux sur l'armature d'une dynamo à courant continu, vous procurera avec une économie incomparable, lumière chauffage, cuisine et force motrice.

2º Dans le cas où vous n'auriez pas de force hydraulique à votre service, faites appel à un moteur à pétrole d'un cheval et demi, qui produira au moins 75 kilogrammètres sur l'induit de votre dynamo et chargera des accumulateurs.

3º Si vous êtes possesseur d'un automobile, le moteur de votre véhicule pourra également actionner une dynamo. Toutefois, dans ces deux dernières conjonctures, vous devrez vous contenter de l'éclairage. A la rigueur vous pourriez vous offrir le fer à repasser, un modeste samovar et une petite chaufferette, à la condition que la dépense de courant de ces appareils n'excédât pas celle de deux ou trois lampes de 16 bougies. — Quant à la cuisine et au chauffage, il vous faudrait dans ces deux derniers cas y renoncer, car le coût en serait excessif.

Une turbine atmosphérique remplirait le même but qu'un moteur à eau, mais l'installation serait bien plus coûteuse, vu l'importance de la batterie d'accumulateurs d'une part, et la nécessité, d'autre part, d'organes mécaniques assez compliqués.

Enfin, si vous n'avez besoin que d'un petit nombre de lampes allumées à la fois, une petite turbine système Chicago-Top alimentée par une faible colonne d'eau sous pression, vous donnera, par l'intermédiaire d'une dynamo Bébé de 100 watts et d'une petite batterie d'accumulateurs, l'incandescence de deux ou trois lampes de 8 à 10 bougies.

Mais si vous habitez une ville dotée d'une usine d'énergie électrique, demandez du courant à la dite usine. Et ce sera là de beaucoup la solution la plus économique, surtout si vous avez la chance de vous trouver dans la sphère d'action d'une usine hydro-électrique comme par exemple celle de la société des forces électriques de la Goule, dans le Jura. Le journal l'*Industrie Electrique*, auquel nous empruntons les détails qui vont suivre, nous apprend que l'école ménagère de Saint-Imier a fait cuire à l'aide du courant électrique fourni par la susdite Société, un repas complet qui n'a exigé pour sa cuisson, qu'une dépense totale de 24 centimes. Le menu de ce dîner se composait d'un morceau de viande de 2 kg., (cuisson 55 minutes), d'un poulet (30 minutes) de légumes à réchauffer (2 minutes), d'une pâtisserie (15 minutes).

Et au prix de 10 à 12 centimes le kilowatt-heure auquel une usine hydro-électrique peut fournir le courant, tenez pour certain, cher lecteur, que vous pouvez parfaitement réaliser dans votre domicile le Tout par l'Electricité, avec une économie, une sécurité, une hygiène et une souplesse d'allure que seule possède en souveraine maîtresse l'énergie incomparable découverte par l'italien Volta.

II.

Maintenant, ami lecteur, l'énumération suivante, malgré sa brièveté et sa sécheresse, va vous dévoiler, nous l'espérons, la réalité évidente et palpable du Tout par l'Electricité.

Télégraphie et téléphonie à toutes distances. — Télégraphie sans fils. — Impression sur le rouleau d'un phonographe de la dépêche verbale téléphonique. — Sonneries et signaux à toutes distances ;

Eclairage électrique (incandescence, arc voltaïque et bientôt sans doute luminescence électrique) ;

Traction électrique : tramways, voitures, fiacres, chariots à trolley, chemins de fer, touage sur les fleuves et canaux, touage dans les égouts collecteurs, dragage, propulsion des sous-marins, des aérostats ;

Horlogerie électrique, contrôleurs de ronde ;

Electrothérapie: franklinisation, galvanisation, fara-
disation, bains de lumière électrique, courants de haute
fréquence pour diabétiques, arthritiques, rhumatisants,
explorateur électrique pour la chirurgie, extracteur électrique, laryngoscope, galvanocautère, rayons X (permettant entre mille prodiges l'extraction d'un projectile, avec
une précision mathématique), thermostat Tavernier (donnant toute facilité pour prendre à distance et avec la plus
grande précision la température d'un malade);

Phares à arc voltaïque perçant la brume et visibles à
la portée géographique (23 milles), bateaux-phares, bouées
lumineuses, cloches électriques sur bouées, sémaphores,
mise à feu des batteries de côtes, des torpilles, des mines,
mise en marche des torpilles dirigeables et accomplisse-
ment de presque toutes les manœuvres à bord des navires
de guerre;

Téléphonie et télégraphie militaire, mise à feu des
mines et projecteurs électriques de campagne;

Moteurs pour l'agriculture, culture par le courant
électrique;

blanchiment — Tannage, rectification des alcools, désinfection électrolytique, production de l'ozone, blanchissement des tissus, traitement des minerais, sénilisation des bois, creuset
et four, fer à souder, soudure à l'arc voltaïque;

Perceuses, fraiseuse, machines à mortaiser, haveuses
pour entailler dans les mines les roches tendres ou le filon
carbonifère, perforatrices à percussion, perforatrices rota-
tives, locomotives à trolley pour remorquer le minerai, le
charbon dans les galeries minières, treuils, grues, chauffage industriel, fers à repasser pour tailleurs, blanchisseu-
ses, chapeliers, etc..

Signaux de chemins de fer: électro-sémaphore, indi-
cateur Jousselin, cloches électriques, indicateurs pour pas-
sages à niveau, appel des stations, sonnettes d'alarme, télégraphe ou téléphone permettant à un train arrêté sur la
voie de communiquer avec la ou les stations voisines. Il
est même possible avec le système du belge Léfèvre de re-
lier électriquement deux trains en marche. — Eclairage
et chauffage des trains.

Effets de théâtre, fontaines lumineuses;

Fourgons pour pompiers;

Pêche électrique, chasse électrique ;

Dressage des chevaux ;

Bijoux électriques ; vérifications à l'aide des Rayons X des objets saisis en douanes, des engins explosifs, des denrées alimentaires ou autres, etc.. etc . . . .

Et qui pourrait décrire, d'ores et déjà, tous les bienfaits que tiennent en réserve la télégraphie électrique sans fils, les Rayons X, les courants de haute fréquence et ce circuit électrique empruntant uniquement au sol ses conducteurs d'aller et de retour, merveille entrevue par Bourbouze et quelques chercheurs, sorte de sphinx à qui M. Ducretet vient d'arracher un aveu, puisqu'il réussit en février 1902 à reproduire dans le téléphone, à l'aide de quelques piles, la parole avec une netteté parfaite, bien que la couche de terre séparant les deux postes (transmetteur et récepteur) et jouant le rôle de rhéophores, fût de plusieurs mètres d'épaisseur.

Maintenant ce que nous avons dit au chap. III des moteurs à gaz s'applique à plus forte raison au moteur électrique. — C'est à lui que le jeune ouvrier sans quitter le toit paternel confiera le soin de mettre en marche les diverses machines outils. La jeune fille dans la demeure familiale s'en remettra à l'énergie électrique si souple, si docile, si complaisante, du soin d'actionner sa machine à coudre pendant que la même source de courant par l'intermédiaire d'une lampe à incandescence lui versera une douce et hygiénique lumière, fera cuire le repas et chauffera la maison par le moyen d'un rhéostat. — Grâce à la téléphonie, qui supprime pour ainsi dire les distances, l'ouvrier et l'ouvrière se trouveront toujours en communication avec le chef de la maison industrielle et commerciale dont ils dépendent.

Qu'on nous permette ici de rehausser notre très-humble prose du style magique du grand écrivain Anatole France, dont la plume éblouissante de vérité, va nous décrire fidèlement une des bienfaisantes métamorphoses glanées dans l'immense champ de l'énergie voltaïque.

«... Les hommes ne seront plus déformés par un travail inique dont ils meurent plutôt qu'ils ne vivent... L'usine ne dévorera plus les corps par millions....

«... Cette délivrance, je l'attends de la machine elle-même. La machine qui a broyé tant d'hommes viendra en aide doucement, généreusement à la tendre chair humaine. La machine d'abord cruelle et dure, deviendra bonne, favorable, amie. Comment changera-t-elle d'âme? Ecoute. L'étincelle qui jaillit de la bouteille de Leyde, la petite étoile subtile qui se révéla, dans le siècle dernier, au physicien émerveillé, accomplira ce prodige.

« L'Inconnue qui s'est laissé vaincre sans se laisser connaître, la force mystérieuse et captive, l'insaisissable saisi par nos mains, la foudre docile mise en bouteille et dévidée sur les innombrables fils qui couvrent la terre de leur réseau, l'électricité portera sa force, son aide, partout où il faudra, dans les maisons, dans les chambres, au foyer où le père et la mère et les enfants ne seront plus séparés.

« Ce n'est point un rêve. Il y a déjà des moteurs à domicile, il y a déjà des maisons à Paris, où cette force bienfaisante est distribuée. Ce n'est plus la machine farouche qui broie dans l'usine les chairs et les âmes. Elle est devenue domestique, intime et familière....».

A présent la vérité nous contraint à ouvrir une lugubre parenthèse : nous disons lugubre, car nous allons tourner quelques feuillets du grand livre de l'histoire et chacun sait que l'histoire regorge de tableaux funèbres.

Le vulgaire s'imagine que ceux qui ont semé les plantureuses moissons que l'humanité engrange sans peine aujourd'hui, ont reçu la récompense due à leurs pénibles investigations, à leur labeur acharné, à leurs souffrances. — C'est là une erreur. Jusqu'à notre époque (et il est plus que probable que cette injustice ne s'évanouira pas du jour au lendemain) l'hérédité théocratique, cléricale, nous a fait prodiguer à pleines mains honneurs et richesses aux charlatans, aux avaleurs de sabres et autres, tandis que l'homme de génie reçoit pour salaire l'ironie et l'indigence. Oui, les annales des inventions et découvertes, constituent un véritable martyrologe.

Qu'on en juge par les quelques exemples suivants.

Papin, inventeur de la machine à vapeur, du bateau à vapeur et d'un moteur à poudre, fut proscrit par la Révocation de l'édit de Nantes et mourut de misère en 1714.

— Olivier Evans invente en 1782 une machine à vapeur à haute pression, puis une locomobile routière. Ses concitoyens (des américains cependant) prétendent « qu'il n'a pas la tête saine ! » — Mort ruiné en 1819.

— Le genèvois Argand, inventeur de la lampe à qui Quinquet donna son nom, mourut à Genève en 1803, âgé de 53 ans à peine et dans un état voisin de la misère.

— Carcel, créateur de la lampe qui porte son nom, meurt en 1812, pauvre, et laissant à d'autres le profit et le bénéfice de ses travaux. En effet, à partir de 1815 la lampe Carcel fut en grande vogue.

— Le marquis de Jouffroy d'Abbans expérimente avec succès son bateau à vapeur sur la Saône à Lyon. Traité de fou dans sa famille, à Paris et à la Cour, il abandonne en 1783 sa découverte, faute d'argent.

— L'américain John Fitch tente sur la Delaware avec son pyroscaphe des expériences qui réussissent pleinement. Ses compatriotes le jugent ainsi : « C'est un brave homme ; c'est bien dommage qu'il soit complètement fou » Ruiné, Fitch se jette dans les flots de la Delaware.

— Fulton en 1801 présente à Bonaparte son torpilleur sous-marin et lui propose d'appliquer la machine à vapeur à la navigation. Le Premier Consul le traite de charlatan. Fulton expire en 1815 âgé de 59 ans et sans avoir pu recueillir le fruit de ses travaux. Les Etats-Unis firent à cet homme de génie de magnifiques funérailles, mais.... laissèrent sa famille *en proie à des embarras pécuniaires.*

— Lebon, inventeur du gaz d'éclairage et du moteur à gaz (1785) meurt assassiné à Paris en 1804. Lorsqu'il exposait aux gens de Brachay, son village natal, les résultats concluants qu'il avait obtenus avec son Thermolampe, ses braves compatriotes répétaient sur tous les tons : « Il est fou ! »

— Nicolas Leblanc, inventeur de la soude artificielle en 1787, se voyant ruiné, se donne la mort en 1806.

— Dallery prend en 1803 un brevet pour l'application de l'hélice à la navigation à vapeur. — Se ruine sans avoir pu achever la construction de son bateau qu'il détruisit en un jour de désespoir.

— Le médecin Charles Marc Sauria né à Poligny (Jura) en 1812, inventa en 1831 l'allumette phosphorée et ne retira jamais un centime de son invention.

— Frédéric Sauvage par ses longs et persévérants travaux met hors de doute les avantages de l'hélice comme propulseur des navires. Malgré vingt années de lutte, ses efforts demeurent impuissants. Ruiné, vieux et malade, une pension de Louis-Philippe (1846) l'arrache à la mort par la faim. Frappé d'aliénation mentale en 1854, il fut recueilli par l'ordre de Napoléon III dans la maison de santé de la rue Picpus.

— Lord Rawensworth fut traité de fou et mis en quarantaine par tous ses amis pour avoir fourni de l'argent à Stephenson, l'inventeur de la première locomotive (1814).

— Le jeune homme de la rue du Bac. Un inconnu, jeune et la misère gravée sur le visage, se présente en 1825 chez Charles Chevalier célèbre opticien de Paris et lui offre une vue de Paris, celle que le pauvre inventeur découvrait de la fenêtre de son misérable logis de la rue du Bac. C'était une véritable épreuve positive. Ce jeune homme de génie avait donc découvert avant Talbot et Daguerre la fixation des images de la chambre obscure. Chevalier ne revit jamais ce jeune homme et pensa que les flots de la Seine lui offrirent un dernier asile.

— Dietz invente en 1834 une diligence à vapeur qui fit pendant quelque temps le service de Paris à Versailles. Après bien des péripéties l'inventeur, ruiné, disparut.

— En 1854 le postier Bourseul invente le téléphone électrique. Bourseul languit toute sa vie dans la gêne.

— Scott de Martinville découvre le phonographe en 1856. Geoffroy Saint-Hilaire, président de l'Académie des Sciences, tourne l'inventeur en ridicule. Après beaucoup de sacrifices et de déboires, Scott expire en 1879, laissant sa veuve et sa fille dans la pauvreté. — M. Édison a vendu en 1890 à une Compagnie anglaise le droit d'exploiter son phonographe moyennant une somme de 6 millions !

— Horace Wels, l'inventeur de l'anesthésie chirurgicale, bafoué et éconduit partout, puis en proie à la misère, met fin à ses jours en 1857.

— Gaulard à qui l'on doit le premier transformateur industriel (1882), le français Gaulard, qui démontra pratiquement en 1884 de Turin à Lanzo la possibilité de transporter à grandes distances l'énergie électrique, est mort en 1888 dans l'indigence...

— Il nous faut clore cette lugubre liste, d'ailleurs incomplète. La tradition alourdit notre marche et l'hérédité nous voile à tout instant la route du progrès :

...— La vieille cage horrible du passé
Où toujours notre effort retombe et nous ramène,
Tient par une aile encor cette pauvre âme humaine.

V. HUGO.

Pour que l'aube de l'avenir blanchisse peu à peu le sombre tableau que nous venons d'esquisser, pour que le deuil se change en fête, il faut que la jeunesse prenne en horreur le découragement et l'inertie, et s'enthousiasme pour le labeur intellectuel, pour l'action, pour le fait scientifique qui satisfait l'esprit en fournissant un résultat tangible et rémunérateur. Le fanatisme héréditaire, empoisonneur de l'existence, s'oblitèrera fatalement sous l'action de l'incessante transfusion de l'instruction et de la science dans les organismes anémiés par les catacombes du catholicisme. Il faut que la jeunesse reste sourde aux sophismes du prêtre l'incitant à atrophier son cœur et son esprit dans les pratiques d'un culte qui se délecte dans la mort.

Oui, la vie humaine si longtemps écrasée sous un dogmatisme menteur dont vingt siècles d'horribles souffrances et d'hécatombes ont fait ressortir l'action délétère, reprendra sa place naturelle sous le ciel cosmique que le prêtre a parsemé de tant de mensonges. Le droit de vivre en éliminant de plus en plus la douleur, sera enfin concédé au genre humain croupissant depuis tant de siècles au fond des oubliettes théocratiques. Le progrès scientifique, archange non fictif, en terrassant pour jamais la démoniaque superstition, réalisera cet inéluctable prodige.

Néanmoins, que la jeune génération se garde bien de prêter l'oreille aux arguments spécieux des brahmes et fakirs de l'occident, car les intérêts de l'Eglise vont à l'encontre des intérêts de l'humanité. Prêtres et moines en vrais dilettantes de l'Absurbe entonnent à pleine voix dans leurs gazettes, l'hymne du démoralisant fanatisme. Leur but est de nous ramener plusieurs siècles en arrière, à une époque où, omnipotents, ils torturaient, massacraient et brûlaient au nom du Dieu de justice et de bonté! Leurs efforts seront vains, car il est manifeste que le duel à mort entre la superstition et la science se terminera par le triomphe de cette dernière, mais il n'en est pas

moins vrai aussi que les jésuites, par le confessionnal, par
leur machiavélime intense, par la femme chrétienne, c'est
à-dire crétinisée, pourraient, pour un temps, amener une
réaction qui causerait de grands maux. Car les apôtres
d'un dieu qui fait mourir son fils unique innocent, pour
avoir le plaisir d'apaiser par cet assassinat la colère d'un
dieu juste, et qui a besoin pour fonder son culte d'une
hécatombe de douze millions de chrétiens d'abord, puis
ensuite de l'extermination de plusieurs millions d'hommes
pour la consolidation de ce même culte, ces tristes apôtres
disons-nous, ont été et sont encore fort peu scrupuleux en
même temps que prodigues de sang humain pour atteindre leur but. L'Eglise, en effet, en immolant rien qu'en
Europe plus de huit millions d'hommes, a fait preuve d'une
indéniable barbarie, car la caractéristique de la barbarie,
c'est le mépris de la vie humaine.

Veillons sans cesse afin de prévenir le mal et de paralyser son essor, attendu que toute réaction cléricale, quoique éphémère, entasse toujours quelques erreurs et quelques ruines qui alourdissent pour un temps la marche du
progrès.

Au surplus, il est instructif d'entendre les doléances
de ceux dont les ancêtres ont contraint pendant tant de
siècles les générations humaines à jeter leur cœur et leur
cerveau au gouffre sacerdotal. On croit entendre les doléances des philosophes de l'Ecole d'Alexandrie et des derniers apôtres du polythéisme devant les progrès des disciples du juif révolutionnaire Jésus. — C'est Châteaubriand
qui s'écrie : « Doù part cet éclair que vous nommez existence et dans quelle nuit va-t-il s'éteindre ! » — Il paraît
que le grand écrivain n'a pas trouvé satisfaisante l'explica-
tion (?) bonne pour jocrisses donnée par l'infaillible (?)
Eglise, qui prétend que notre naissance, nos tribulations
innombrables et notre mort sont un effet de la *bonté ineffa-
ble* du Créateur et contribuent à la plus grande gloire d'un
Dieu qui semble tenir de Tibère et du marquis de Sades. —
C'est la plume de Gratry qui larmoie devant les tréteaux de
Loyola : « Les chantres que je regardais comme des prêtres; l'air dévot et hypocrite de plusieurs visages, les cha-
pes, le serpent, les bonnets pointus, tout ce spectacle fail-
lit en une heure me faire perdre la foi. Est-ce là me disais-
je, le costume de la vérité, le culte de Dieu ? »

C'est la plume éloquente de Didon égrainant quelques dures vérités : « A quoi bon s'acharner contre les ruines du vieux monde ? Elles s'écroulent toutes seules . . . . Je me lasse de faire des chrétiens qui sont les vaincus de la vie ! . . . » »

L'Auteur du génie du christianisme dans son voyage en Italie (1804) laisse échapper quelques aveux des plus instructifs : « Malheureusement j'entrevois déjà que la seconde Rome tombe à son tour ; tout finit. . . . . Rome païenne s'enfonce de plus en plus dans ses tombeaux, et Rome chrétienne redescend peu à peu dans les catacombes d'où elle est sortie. . . . »

Par une juste ironie le catholicisme (dont l'étymologie grecque signifie *partout*) se trouve aujourd'hui partout repoussé. Depuis quatre siècles l'Inde et la Chine reçoivent des missionnaires, et les progrès du catholicisme y sont absolument nuls. Les Célestes pensent que Foë, à qui une vierge fécondée par un rayon de soleil a donné le jour, 1027 avant notre ère offre beaucoup trop d'analogie avec Christ né d'une vierge fécondée par le Saint-Esprit. — Les Hindous s'aperçoivent que les croyances que veulent leur imposer les R. P. Jésuites ne sont pas autre chose que du brahmanisme paré, masqué et travesti : la vierge Devana-guy ayant été *obombrée*, dit l'expression sanscrite, par l'Esprit divin de Vischnou, conçut et mit au monde, environ 3.500 ans avant notre ère, un divin fils du nom de Christna, chargé de régénérer le monde. Ajoutez à cela que les émules de Torquemada et les fidèles du dieu Sabaoth, qui se complaît dans le sang et les tueries, qui laisse le fort écraser le faible, peuvent porter ombrage à un Béhanzin quelconque dont les massacres à prétextes religieux, les *Grandes Coutumes* se trouvent distancés par les exploits des dominicains et des jésuites dans les siècles passés. Sauvages et asiatiques ont regardé de près le dieu que nos missionnaires leur apportaient, et ils ont conclu que le leur valait tout autant et que leurs fakirs des deux sexes et leurs talapoins n'étaient pas inférieurs à nos religieux et religieuses. — Le brahmanisme et le bouddhisme comptent six cent trente millions d'adeptes absolument réfractaires au catholicisme suranné et décrépit. L'aube de la libre pensée qui commença à poindre en 1547 sous le nom de protestantisme compte aujourd'hui plus de cent quatre-vingt-dix millions de partisans, et il est manifeste que cette parodie des superstitions orientales, que ce culte qui n'a cessé d'engendrer et de glorifier la paresse, l'ignorance, le dégoût de la vie, l'amour de la mort, l'horreur de la science, la stagnation dans l'abaissement, que cette religion infaillible dont aucune prophétie ne s'est réalisée et dont tous les dogmes suent l'absurde, que ces théocrates ayant soif de sang et de massacres parce que la souffrance et la guerre leur procuraient sempiternellement l'annihilation chez le peuple de la Pensée et de l'Idée, il est évident en un mot que le délétère catholicisme marche inéluctablement au suicide.

Au lieu et place des superstitions sacerdotales, qui pendant tant de siècles n'ont apporté aucun soulagement à l'humaine souffrance, et dont la faillite est proche, examinons le bilan des émules de Prométhée, ce père des inventeurs et des amants de la science, ce mythe sous lequel se cache un brutal fait historique : l'écrasement par le prêtre du premier éducateur de la brute humaine, — Au premier émancipateur le prêtre réserva le supplice comme salaire. . . . .

Or, depuis que les héritiers de Prométhée ont fait accueil à la Science, cette fille ainée de la Révolution française, les peuples ont vu disparaître en moins d'un demi-siècle l'Inquisition, le bûcher, la torture. Le glaive de l'Islam s'est émoussé, le suttée ou bûcher brahmanique s'est éteint dans l'Inde où les processions sanglantes du char de Jaggernau viennent d'être abolies. L'Amérique a supprimé l'esclavage, la piraterie va s'évanouissant, les pénalités deviennent moins féroces, et la justice écoute un peu plus la voix de l'équité à mesure que s'oblitère en nous la tare moyenageuse. La guerre devient de plus en plus une honte et l'on se décide enfin à stigmatiser les conquérants, à flétrir toute acquisition à main armée comme un vol entaché d'assassinat.

La Science n'a fait aucune promesse, et dès son berceau elle enfante des merveilles et se montre invincible. Elle sauve bon an mal an cent mille enfants du croup. Grâce à l'antiseptie chirurgicale et à l'anesthésie, elle sauve tous les opérés ; la septicémie, la pourriture d'hôpital est devenue si rare que l'on en constate à peine de temps à autre un cas ou deux dans des milieux où l'on voyait jadis les existences fauchées par centaines. Par le microscope, la science jette sur l'infiniment petit un regard si pénétrant qu'elle découvre le microbe, qui lui livre le secret des plus redoutables maladies et les moyens de les combattre. — Ne jamais oublier que la tueuse de toute existence, la Superstition, personnifiée par le catholicisme, ne possède à son actif que des hécatombes humaines multipliées à l'infini, en physique des erreurs si grossières (la négation des antipodes, de la sphéricité et de la rotation du globe terrestre, l'existence de l'Amérique réputée hérésie, etc.) que ce culte semble devoir son origine à des Papous ou à des Congolais.

Sur les gémonies du moyen âge où quinze siècles de catholicisme avaient adouci les mœurs au point que l'on torturait, écartelait, pendait, massacrait, brûlait pour un mot, pour un rien, le fils aîné de 1789, le dix-neuvième siècle fit jaillir un océan de lumière : dès son berceau il abolissait les supplices et proclamait le respect de la vie humaine. L'immortelle découverte de Volta, celles de Papin et de Stephenson jalonnaient sa route. Ce siècle a légué au vingtième siècle la locomotive, qui place Londres, Berlin, St-Pétersbourg à quelques heures de Paris, la téléphonie et la télégraphie électriques qui jettent instantanément la pensée humaine aux confins du monde. Ce siècle, grand entre tous, a donné la polymorphe énergie électrique, qui peut prodiguer instantanément et hygiéniquement l'indispensable sous la forme lumière, chaleur et force motrice. Il a donné la presse rotative et la machine à écrire, la machine à labourer et à semer, les machines à battre les céréales, les faucheuses, les moissonneuses, et les engrais chimiques.

Il laisse la filature et le tissage mécaniques, la photographie, les Rayons X, l'omnipotente chimie, des explosifs invincibles, l'automobile, le navire à vapeur, le sous-marin, la télégraphie électrique sans fil, la forge, la soudure et le four électriques, le phonographe, qui imprimait la parole, peut aussi, grâce au professeur Dussaud, fixer une dépêche téléphonique.

Il a vu naître et se développer la sérothérapie, l'hygiène préventive rendue possible grâce aux antiseptiques

engendrés par la chimie et l'Electricité, les famines périodiques évitées, la guerre conspuée et flétrie, et enfin la
sanguinaire superstition, universellement méprisée, mar-
cher à la banqueroute.

— Et bien que l'homme soit la facile proie des forces
aveugles de la Nature, grâce à la science il réagit plus qu'on
ne croit contre cette mère si souvent marâtre : la jetée
bâtie au Croisic en 1760, y a changé d'un quart d'heure
l'établissement des marées. Ainsi l'homme, qui peut être
la victime du microbe, cet infiniment petit, a cependant
aussi une action sur l'infiniment grand, sur l'univers.

Toutefois, il serait déraisonnable de vouloir nous en-
voler « au delà de notre humanité.» Restons sur terre, mais
avec l'irrestible outil que nous livrent la science et le travail, taillons-nous dans le bloc de granit de la nature un
éden qui aura sur tous ceux dont on nous a bercés jusqu'à
présent l'avantage d'être tangible. Ne cherchons pas à
pénétrer la Grande Cause de l'Univers, nous nous épuise-
rions en vain.

Toute tentative dans cette voie aboutit à l'avortement.
A toutes les époques théologiens et prophètes ont menti
dans le but de se procurer des troupeaux d'esclaves. Mais
si nous ignorons le Grand Principe de l'univers, il n'en est
pas moins vrai que certaines lois de la nature se révèlent
à nous: rien ne périt et tout se transforme indéfiniment dans
son sein, et il n'y a pas de raison pour que nous échappions
à cette loi que nous découvrons aisément. Il est même probable que nous reconnaîtrons de plus en plus comme vérités une foule de principes que le prêtre nous présentait
comme mensonges. Mais quelles que soient nos migrations
futures, il doit suffire à notre conscience pendant cette
manifestation que nous appelons la vie de collaborer au
bien de tous.

Laissons donc les catholiques pousser leurs clameurs
de désespérance devant l'écroulement de leurs sanguinaires
superstitions, contemplons-les froidement lorsqu'ils nous
lancent l'anathème en étreignant leurs idoles qui tombent
en poussière, mais sauvons nos enfants de leur délétère influence.

Dans leur pessimisme hypocrite, dans leur négation
machiavélique de tous progrès en dehors de leur foi absurde

— 87 —

et démoralisante nous puisons pour notre part des éléments
de confiance obstinée — parce que basée sur des faits — en
des jours meilleurs, où, selon le grand écrivain Zola, nous
saurons « conquérir par la science toute vérité et toute
justice. »

Cet avenir meilleur en qui nous avons foi parce qu'il
nous a déjà donné des gages est chanté avec verve par un
de nos poètes :

« Quand la mœlle du livre
« Nous a fait libre et fort,
« Il faut se hâter de suivre
« Les conseils du livre d'or.
« Malheur à qui s'endort !
« Agir, c'est vivre ;
« Etre inactif, c'est être déjà mort....
« ....Dépêchons cette besogne,
« Car l'avenir nous attend.
« Assez d'humaine charogne
« En holocauste à Satan !
« Vapeur et fils électriques,
« Précurseurs des temps nouveaux,
« De l'Inde aux deux Amériques
« Ouvrent d'immenses travaux.

. .

« Du grand creuset de l'histoire
« S'élève une odeur de sang.
« Va dans ton laboratoire,
« O chimiste plus puissant !
« Analyse la substance ;
« Au lieu de faire mourir,
« Fais vivre par la science
« L'homme trop longtemps martyr.

. .

« ....Les humains s'éclairent,
« Et de tous côtés,
« Jamais ne brillèrent
« Tant de vérités,
« En vain l'ignorance
« Veut tout obscurcir,
« Chacun va cueillir
« Le fruit de science

P. Dupont

La théocratie du catholicisme, pendant une omnipotence de quinze siècles, n'ayant engendré que guerres, massacres, criantes injustices, avec, comme fatale résultante, le cortège de tous les fléaux, l'humanité, lasse de souffrir, a raison de chercher enfin allègement à ses maux dans la science, qui donne salaire à tout effort et dont le flambeau n'a pas de fausses lueurs. Et c'est au rêve fertile du penseur et de l'artiste, au labeur acharné de l'inventeur, du savant, de l'ingénieur, que l'homme sera redevable des germes d'avril succédant enfin à la ronce théocratique.

Et un jour l'humanité bénira ces sublimes artisans.

M. DES CORATS

FIN

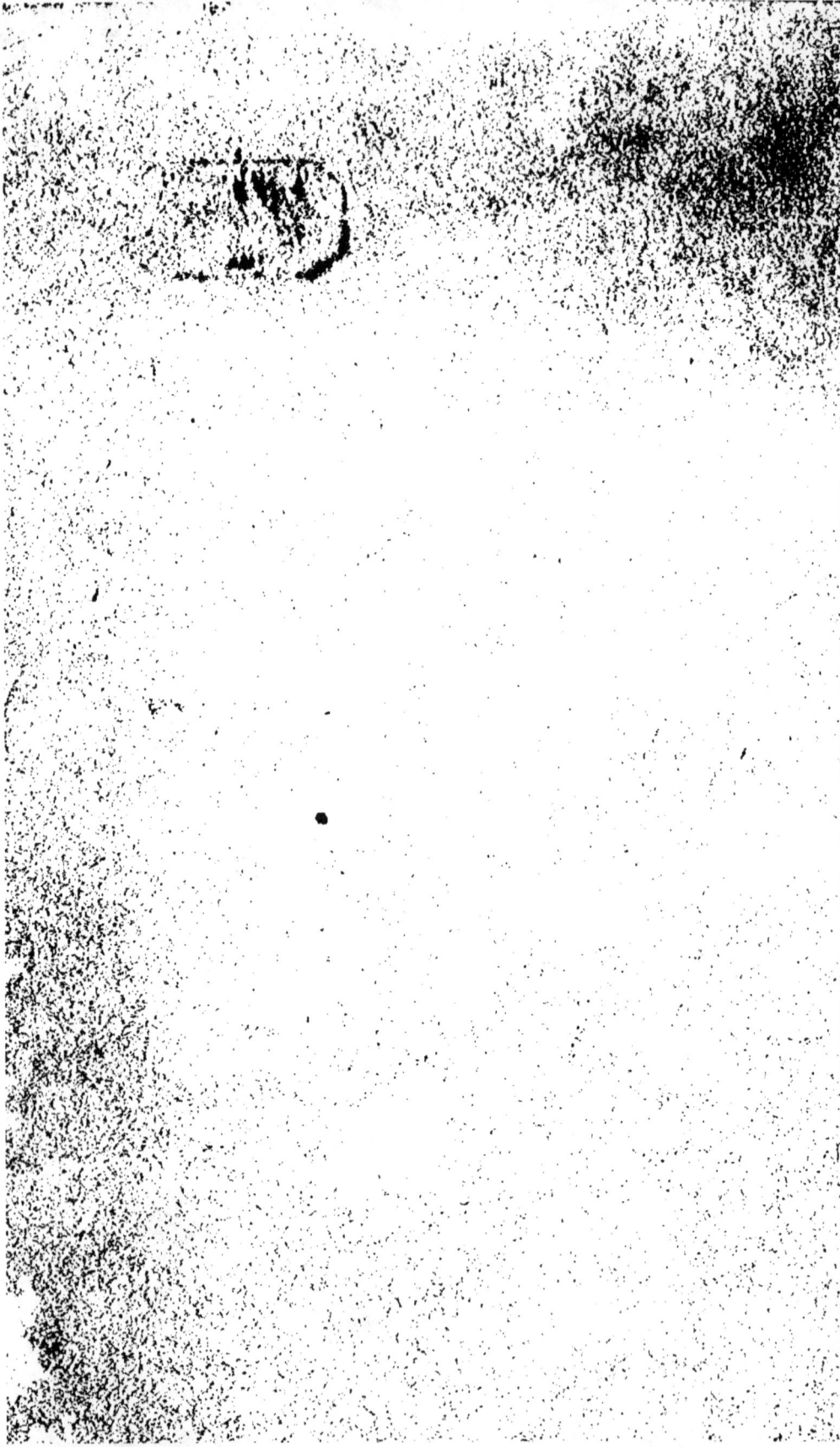

www.ingramcontent.com/pod-product-compliance
Lightning Source LLC
Chambersburg PA
CBHW071103210326
41519CB00020B/6138